JN086927

# 奇跡の米「龍の瞳」

安全で美味しい米を未来へ

今井 隆
Imai Takashi

ゆいぽおと

# 奇跡の米「龍の瞳」

安全で美味しい米を未来へ

今井 隆

# はじめに

人生を根底から変えてしまうような「出会い」がある。私の場合、それは二株のイネとの遭遇だった。

二〇〇〇（平成十二）年九月のこと。岐阜県下呂市にある拙宅の近くで石積みの棚田を見回っていると、コシヒカリを植えていた小さな田んぼの中に、ひときわ背の高いイネが育っているのに気がついた。周りより一五センチは高かっただろうか。近づいてみると二株から十数本の穂が出ている。穂先に実った籾が異様に感じるほどに大きい。

その頃はまだ農林水産省の職員として稲の作柄調査にもかかわっており、その大きさから最初は、ある酒米の品種を思い浮かべた。それにしても、なぜ、こんなところにあの種が交じったのだろう。しかし、あの酒米とはどうも様子が違う。不思議で奇妙、としかいいようのないこのイネにがぜん興味が湧いてきて、とにもかくにも種籾を採り、試験的に栽培してみることにした。

それが、「奇跡の発見」ともいわれ、のちに「龍の瞳」として商品化される米の原種との出会いだった。その出会いから、新品種として「いのちの壱」という名で登録されるまでの数年間は、試行錯誤の連続で、期待と不安、希望と失望とが複雑に入り交じる日が繰り返しやってきた。

苦労の甲斐はあった。諦めなくて良かったなあ、と今では心から思っている。「龍の瞳」の商品名で市場に出し、たくさんの方に支えられてきたお陰で、日本を代表するような良食味米として認めていただけるようになった。


何が「奇跡」か――。コシヒカリの棚田の中に偶然出現したわずかなイネを見逃さなかったこと、そこから採取した種籾を安定した品質の良食味米として商品化できたこと、さらには消費者に人気のブランドにまで育ってくれたことである。

重さはコシヒカリの一・五倍。香ばしく、甘く、粘りがある。いずれの特徴も従来の米とは明らかに違う。岐阜県庁の幹部職員に「百年か千年に一度あるかないかの大発見」とまで言わしめた。

龍の瞳と出会わなかったら、私は農林水産省を定年まで勤め上げ、農産物にかかわる、地元のだれかの仕事を引き継いでいたに違いない。私生活でも社会生活でも大きな犠牲を払うことはなかっただろう。発見したことが私個人にとって果たして良かったのかどうか、人生を終えるときでないとわからないと思う。

いずれにしても現在の私は、小さいながらも自分で創業した会社組織の代表として、龍の瞳を中心に新たな夢の実現へとワクワクする挑戦を続けている。

支えになるのは、たくさんの消費者の方々が「美味しい」と言ってくださっている事実だ。「高齢の親が癌になり、死ぬ前にもう一度だけ龍の瞳を食べたいと言い、その通り、病床で実際に食べてから亡くなりました」というお声もいただいた。

さらには誠実で堅実な生産者（栽培農家）に囲まれてきたこと。お米屋さんからの絶大な支持をいただけていること。毎日生きがいを感じ、楽しみながら仕事をさせてもらっていること。その一つひとつに感謝しなければならない。

そもそも、なぜ私が龍の瞳という奇妙な米に出会ったのか、なぜ発見者が私でなければならなかったのか、この米はいったいどこから来たのか――などと考えることがある。天を飛ぶ龍からの、あるいは神様からの授かりものだったのかもしれない。この米をどんな形で社会の役に立てていくのが良いのか、ずっと考えながら歳月を重ねてきた。

龍の瞳を見つけたときの話を農業者の前でするたびに「発見したとしても、普通だったら刈り取ってしまうよ。それを見逃さずに育てたことが何より素晴らしい」と言われる。

農林水産省で「稲」の仕事に携わり、さまざまな勉強をしていたことが大きな手助けになったことは間違いない。

龍の瞳の商品化は米業界に革命をもたらしたと思っている。

一つは、当時日本でいちばん高級な米であった魚沼産コシヒカリの価格帯を、大きく超える値段を付けたことである。高価格はもちろん消費者には負担であるが、生産者にとっては希望にもなる。もう一つは、品種名を「いのちの壱」に、商品名は「龍の瞳」と、いずれも一風変わった名前にしたことだ。現在ではすっかり定着した観がある「米らしからぬ商品名」の草分けにもなったと自負している。

「いのちの壱」の原種の発見から二十二年が経過した。今後も年を重ねるごとに龍の瞳の商品価値はますます高まり、それに伴い「いのちの壱」も品種としての輝きを増していくに違いないと自信を持っている。新たな品種の導き手になることもあるだろうという期待感もある。

本書を通して何よりも龍の瞳のことをもっと広く知っていただきたいと思っている。同時に米を通して食の安全や農業全体のこと、地域の活性化、さらには地球環境のことも、あらためて考えていくための材料を提供できればと考えている。良い米をつくる営みは、米を取り巻くさまざまな条件や環境、制度や施策などと無縁ではあり得ない。それこそ、子どもたちの未来や心の豊かさにつながっていく側面さえあると信じている。

今年はレイチェル・カーソンの『沈黙の春』の初版が出て六十周年の節目にあたる。彼女が警鐘を鳴らした農薬使用については改善がなされてきたとはいえ、地球環境の危機は深まっている。この国の食生活を見直し、農村環境を変えていかなければ、日本という国のおおもとも崩れていくのではないかという危機感を、より強く持つようになった。

「米は奥深い」は私の口癖。本書を読まれた方々にとっても、その奥深さを感じていただける何かが、この本のなかに少しでもあればと願っている。

二〇二二(令和四)年秋　　黄金色の稲田を眼前にして

「いのちの壱」発見・育成者
株式会社龍の瞳代表取締役　今井　隆

# 奇跡の米「龍の瞳」安心で美味しい米を未来へ　もくじ

## 第四章 そもそも米とは何か……95

## 第七章　米作りの未来と子どもたち……153

# 第一章　「奇跡の米」とどのように出会ったか

## 始まりの土地

岐阜県下呂市萩原町大ケ洞（おおがほら）の里に、私が創業した株式会社龍の瞳の本社と精米工場がある。

社屋の前には、龍の瞳の生育具合を観察したり、稲刈りを体験してもらったりするための田んぼがある。田植えの時季には、小さな緑の稲が風にそよぎ、水面に山の稜線や雲が映り込む。間もなくすると、田んぼで生まれ育った蛙たちが夜通し鳴くようになり、燕もどこからかやってくる。秋には黄金色の稲穂の上をアキアカネの群れが飛び回る。冬は雪深くはないけれども一面の雪景色になる。小さな試験田でしかないが、稲田ならではの四季の巡りを居ながらに楽しませてくれる。

大ケ洞地区は飛騨山脈の乗鞍岳（標高三〇二六メートル）を水源に南下する飛騨川の支流大ケ洞川の扇状地で、海抜は五〇〇メートルほどになる。下呂温泉の中心街からだと飛騨川沿いの国道四一号線を車で二十分ほど北へ走る。

一帯は雨が多い地域としても知られている。飛騨山脈が壁になって手前に雨を降らせるからだ。ここのところの異常気象で四一号線の川側の法面（のりめん）がごっそりと崩落して、高山市との交通が遮断される深刻な被害も出ている。

こう書くと語弊があるかもしれないが、山間地にあって苦難を乗り越えつつ独自の文化を築いてきた飛騨びとの粘り強さと知恵が試されているように感じることもある。

「龍の瞳」としてやがて商品化される米の原種のイネを見つけたのは、会社から一・五キロほど北の萩原町宮田地区にある自宅前の田んぼである。「奇跡の米」の物語はこの田んぼから始まった。

## 不思議なイネとの出会い

時計の針を現在から一気に巻き戻してみたい。

二十年以上経過した今でも、そのときの光景は鮮やかによみがえってくる。二〇〇〇（平成十二）年九月。雲間から薄日がこぼれてくる穏やかな秋の日だった。

いつものように自宅近くの棚田を見回っていると、コシヒカリを植えていた小さな田んぼの中にひときわ背の高いイネが伸びているのが目に留まった。周りのコシヒカリより一五センチは丈が高い。私はそのイネに強く引き寄せられていた。よく見ると、二つの株から合わせて十数本の穂が出ている。籾が異様なほどに大きい。

〈なんでこんなところに「ひだほまれ」の種が混じっていたのだろう〉

心でそう呟いていた。丈の高さと籾の大きさから最初はそう思った。というのも、当時、農林水産省岐阜統計情報事務所の高山統計情報センターで、稲の作柄調査に携わっており、酒造好適米の「ひだほまれ」をよく見知っていたからだ。しかし、すぐに考えを打ち消した。ひだほまれはこの近辺ではまったく作付けされておらず、種が混ざることなど考えにくかったからだ。

実はその数年前から、私は米の品種というものに興味を持つようになっていた。家の田んぼで、「あきたこまち」や「みどりゆたか」、「イセヒカリ」や「キヌヒカリ」などといった銘柄米、あるいは黒米を試験的に栽培していた。試験栽培というと聞こえが良すぎるかもしれない。かなりものぐさなやり方で、あくまでも興味本位の粗雑な試みでしかなかった。けれども巡回中に見つけたその奇妙なイネの品種にはがぜん興味が湧いてきた。

「仮に変なイネを見つけても、普通だったら刈り取って終わりだろう」

発見の様子を農業者の前で語るたびにそう言われてきた。確かに品種に対する特別な関心やこだわりがなければ、わざわざ「変なイネ」を残そうとは思わないだろう。ましてやそれを新たな品種として登録し、世に送り出すことなどは考えもしなかったはずだ。農林水産省で「稲」の仕事に携わりそれなりの勉強をしてこなかったら、偶然の出会いは偶然のまま、その場限りのこととして終わっていたかもしれない。

## 生い立ち

見つけたイネを新しい品種としてどのように登録したかの話に進む前に、米作りに携わるようになるまでの私の歩みを書いておきたい。

一九五五（昭和三十）年十一月、現在の下呂市（当時は益田郡）萩原町宮田の貧しい農家の長男に生まれた。父は信由、母は花ゑ。現在も一緒に暮らす母が、折々に私に語ってきたことがある。

「隆（私のこと）は生まれて三か月で肺炎にかかった。実家の父親の勧めで高山市の日赤病院まで汽車で行き、その頃できたばかりの、当時としてはえらく高いペニシリンを打ってもらった。もし町医者に診てもらってたら死んでいたよ」

家には二千円しか所持金がなく、地元の高利貸しから金を借りたらしい。いうなれば私は赤ん坊のときに一度死んだ人間である。それが還暦も超え、こうして生かされている。

両親とも農作業をしているときには、「つぶら」と呼ばれる、藁で編んだ籠に入れられ、田んぼの畔でおとなしくじっとしていたらしい。

小さい頃から、家に来る行商の人などに何かと話しかけては、質問する子どもだったという。いろいろなことに好奇心を持つのは、どうやら幼い頃からのものだったようだ。

厳しい父親のもと、小学生になると農作業を手伝わされた。高校生になっても変わらず、大学進学のために受験勉強をする時間など持てなかった。いずれは農業もやらなくてはいけないからという父の勧めで、岐阜県職員と農林水産省の試験を受けた。両方とも受かったのだが、採用通知が先に届いたという理由で農林水産省に決めた。

振り返ればあの時もまた、運命の分岐点だった。岐阜県庁に就職していたら奇妙なイネと出会えたかどうか。出会えたとしても育てる気持ちになっていたかどうか。

最初の配属先は東海農政局岐阜県統計調査事務所の総務部経理課だった。働き出した後も大学進学の夢を諦めきれずに、入省二年目から岐阜経済大学（現在は岐阜協立大学に改称）の経済学部夜間部に入り経済学を専攻した。

農林事務官として入省したが、二十九歳で出先に異動してからは作付面積の調査をはじめとする米の作況調査を担うようになる。間もなくして作況係長として稲の収穫量調査にかかわることに。

## 栽培して驚いた

さて、偶然に見つけた奇妙なイネの品種に強い興味を持った私は、翌年の二〇〇一（平成十三）年春、自宅前の田んぼで試験栽培を始めた。この時はまだほんの一〇平方メートルほどで、本当に新しい品種になりそうかどうか可能性を確かめるのが一番の目的だった。

もしも新品種になるとしたら、味はどうか、育てやすいのか、そうした大事な特性をまずは知りたかった。優良品種になると思えれば、品種登録だってもちろんあり得る。

　農水省に勤めているとはいえ、品種登録など考えたこともない正真正銘のビギナーである。何も知らない初心者ゆえの「変な自信」もあったに違いない。期待だけはどんどん膨らんでいった。

　発見したときの稲穂は十数本。そこから採れた籾は少なくとも八百粒ぐらいはあった。両手で一握りぐらいの量になる。それを全部、翌年の栽培用の種籾として使うことにした。龍の瞳の商品化にあたって当初、商品のキャッチコピーにした「一握りの籾から物語は始まりました」の言葉は、まさにそのときの体験そのままの表現である。

　手持ちの全量を田んぼに植えてはみたものの、なんといっても正体不明の得体の知れないイネから採取した種籾である。新品種であることを期待する気持ちの一方、そんなに簡単に見つけられるものか、という思いもやはり心のどこかにはあったのだろう。あのとき一本ずつ植えたことは確かなのだが、具体的な記憶がない。記録すらつけていなかった。漠（ばく）とした期待感はあったもののまだまだ半信半疑で、確信をもって試験栽培に臨んでいなかったせいだろう。

　そんな半端な気持ちでいる私を再びぐいと揺さぶったのは、膝上ぐらいの高さにまで育ったイネの姿だった。葦と見紛(みまが)うばかりの太い茎。厚くて頑丈そうな葉っぱ。前年に発見したときには、そこまでの特徴には目が届いてはいなかったから、それはもう驚きだった。

ひだほまれとは明らかに違う。試験栽培したイネは出穂期はどれもほぼ同じだった。イネ全体の形（稲体）も極めて似通っている。こうなってくると、特定の品種特性を安定的に持つ新品種の可能性が高まってくる。そのイネに対する興味に再び火が付いた。

待ちに待った収穫の日。「おー、硬い！」。思わず声が出て、鎌を握る手に力が入る。これだけ頑丈なら、風に倒されてしまう怖れもないと、刈りながら確信した。

## 炊いて食べてさらに驚いた

収穫した籾を小型の籾摺り機に掛けてみた。もちろん翌年の栽培に必要な種籾は残したうえでのことである。籾の大きさはわかってはいたものの、玄米も見たことのないほどの大きさだった。

重さも測定したはずだが、残念ながら記憶も記録したメモもない。

早速、自家用の精米機にかけてみた。釜に白米を入れ水を注ぎ研いでみると、「ゴワゴワ」という音が聞こえるぐらいの手ごたえがある。まさに米粒の王様なのだ。

普段使っている家庭用の電気炊飯器で炊いた。これが初めての炊飯になる。しばらくすると、ポップコーンを焼いているような香ばしい香りが部屋中に立ち込めた。炊飯器の蓋を開けると大きな「カニの穴」がいくつも見えた。つやがあり、いかにも美味しそうだ。しゃもじで混ぜると、まだ熱い釜の内側に付着した薄い糊が即座に透明になる。粘りが強いせいだろう。

アツアツのご飯をそのまま素手に載せ、まずは一口。甘さと香り、旨さが口のなかに広がる。体験したことのない味に心がはち切れんばかりになった。

〈新品種だ！　それも極上の！〉

踊り出したいぐらいにうれしかった。

〈この米なら、夢を実現できるかもしれない〉

そう思えた瞬間である。夢とは農山村地域をよみがえらせることだった。

四十歳を過ぎる頃から農山村地域をどのようにしたら活性化できるのか、いろいろと考えてきた。プライベートな時間を使って、農業の担い手たちと勉強会も重ねていた。

そこに現れたのがこの新しい米である。こんなに大粒で重みのある米はないはずだ。農林水産省の「品種登録データベース」で千粒重（米千粒の重さ）を調べてみた。私の試験田から採れた米は三二グラムほどあった。予想した通り、一般的に粒が大きい酒造好適米も含めてそこまで重い品種はなかった。

## 品種登録に向けて

二〇〇二（平成十四）年になって、いよいよ品種登録の準備を始めた。インターネットなども使って調べてみると、一年間の試験栽培の結果として得られた品種特性を記載して農林水産省種苗課（当時）に提出すればよいことがわかった。

稲の収穫量調査を農水省で担当していたから、品種特性の調査方法や必要な項目についてはおおよそのことはわかっていた。家族以外には誰にも言わず、自宅前の二アール（二〇〇平方メートル）の田んぼで試験栽培に乗り出した。

遺伝子鑑定を行えば品種を特定していくことは可能だが、その稲にどのような特徴があるのかを細かく記載して、従来の品種との違いがあるのかないのかを明らかにしなくてはならない。当然のことながら差異がなければ新品種としては認められない。

さらに、その特徴は翌年も安定して現れなくてはならない。万一、生長の仕方がまるで異なるような変異株が出現すれば、安定した品種特性を持つ固定種とは見なされない。この時点で生育具合を観察したところ、株ごとの個体差は見られなかった。

出穂（しゅっすい）や収穫の時期による早生（わせ）か晩生（おくて）かの区別、玄米の粒の大きさや形、葉の緑の濃さ、茎の太さなど、品種特性を判断するのに必要な指標は全部で六十一項目にも及ぶ。
これらを一つひとつ調べ確認しながら、項目によっては五段階のどこに当てはまるかを決めていく。現在の品種登録制度では二年間の試験栽培結果が求められるが、当時は一年分の結果だけで審査は通った。

その時の試験田について悔やまれるのは、記録写真を一枚も撮っていなかったことだ。加えて、収穫して食べてみたはずだが、どのようにして食べ、何をどう感じたのか、それも覚えていないのである。おそらく、品種登録のための審査項目を揃えていくことしか念頭にはなかったのだろう。
ただ試験栽培で収穫した米を、ある友人に食べてもらったことだけは覚えている。すでに故人になってしまったが、医療関係の仕事をしていた友人で、食べてすぐに興奮した様子で電話がかかってきた。家族以外で食べてもらったのは彼が初めてだった。友人とはいえ家族以外の第三者から感激と賞賛の言葉をもらえたことは、その後品種登録を進めていくうえで大いなる励みと支えになった。

品種登録の書類を書くのは初めての経験だった。相当難しそうに思っていて気おくれはしたが、いざ書き始めてみると、とくに滞ることもなく順調に進んだ。二〇〇三（平成一五）年四月一日、農林水産省種苗課に速達で提出。出願登録料は四万七二〇〇円だった。

別記
様式第一号（第五条関係）

収入印紙 40,000円　収入印紙 5,000円　収入印紙 2,000円　収入印紙 200円

（はり付した収入印紙の額　47200円）

品 種 登 録 願

2003 年 4月 1日

農林水産大臣　殿

種苗法第５条第１項の規定に基づき、次のとおり出願します。

農林水産植物の種類　稲　（　　　）

学名

出願品種の名称　（ふりがな）りゅうのひとみ
龍の瞳
ローマ字表記

出願者　計 1 名

〒509-2571
住　所　岐阜県益田郡萩原町宮田415
電話番号　（0576）55－0734
氏名又は名称　今井　隆（いまい　たかし）　印
（代表者氏名）　（　　　）

持分（共同出願の場合のみ記載）　　国籍（出願者が外国人の場合のみ記載）

代理人（代理人出願の場合のみ）　〒
住　所
電話番号　（　　）　－
氏名又は名称　印
（代表者氏名）

品種登録願

## 栽培の特性を知る

とにもかくにも、品種登録に必要な手続きは完了した。後は結果を待つのみである。そこで今度は、自宅前の四枚の棚田で試験栽培を継続しながら栽培上の課題や困難を検討していくことにした。

発見当時の職場は高山市内の出先だったが、その頃は岐阜市内にある農林水産省の出先機関に異動になっていた。岐阜市内に単身赴任し、金曜の夜に下呂市の自宅に帰り、日曜の夜に岐阜市の官舎に戻るという生活を繰り返した。

ある日、試験田の穂の一部を見ると、稲にとっては被害が重大な「いもち病」に少し罹(かか)り始めているかなと思った。けれども岐阜の官舎へ帰らねばならない。一週間して戻ってみると白く変色した稲穂がすでに田んぼ全体に広がっている。この品種が、いもち病には決して強くはないことが確かめられたとはいえ、さすがにショックであった。

いもち病の病斑

この稲の特徴も次第につかめてくる。とにかく芽は出にくい。籾が発芽しにくいうえ、重さが通常の玄米の一・五倍もある。その分、養分を蓄えられるということだろう、苗の生長はすこぶる早い。田植え後、二週間ほどで葉が垂れ下がる。穂が出てから垂れ始めるまでは十日以上かかる。籾殻は非常に硬い。茎が太く倒れにくい。籾摺りには時間がかかる。

それぞれの特徴に応じた対策も考えねばならない。たとえば、私がめざそうとしていた低農薬栽培を実現するには、いもち病に弱いことへの対策がより重要になってくる。

もう一つ大きな問題は米粒が大きいことに起因する「胴割れ」である。胴割れとは玄米が割れてしまうこと、あるいはクラックといわれる亀裂が内部に入ることである。精米（精白した米）という形で最終的な商品になるが、精米の途中で割れてしまえば玄米からの歩留まりが悪くなる。割れた精米は商品価値が落ちてしまう。まさに大問題だった。

これらの問題を一つひとつ解決するためにいろいろと試行錯誤をしたのであるが、苦心を重ねただけ稲への愛着も深まっていく。

この品種が、もしも農業試験場で育種されて生まれた

胴割れした玄米

ものなら、おそらく品種登録には至らなかったのではないか。なぜなら、新品種として認められるには、美味しいことは必須であるものの、同時に育てやすさも大事な条件になってくるからだ。手間暇かけて工夫をこらさないと栽培できないような稲など、栽培農家が受け入れてくれるはずがない。

## ネーミングの紆余曲折と波紋

品種登録の出願をしたとき、最初は品種名を「龍の瞳」にしていた。ところが出願後に相談した弁理士から「龍の瞳は商品名にしておいたほうが、販売面で後々有利になるのではないか」という助言を受けた。

米の場合、登録品種名がそのまま商品名になっているケースが一般的である。けれども、その弁理士によると、登録品種の育成者権は種苗法上、一定期間（二十五年）が経過すると消滅してしまう。従って、その段階になると「龍の瞳」という品種は誰もが栽培できることになってしまう。けれども「龍の瞳」の名が商標登録されていれば、商品名として第三者が使うことを制限できる。言い換えれば、私が「龍の瞳」の名を半永久的に独占的に使い続けることが可能になるという。

品種と商標の重複登録ができないことはわかっていたが、「龍の瞳」はすでに品種名として農林水産省への出願を終えていたため、そちらは変えずに特許庁に対する手続きを優先して「龍の瞳」を新たな商標として登録するよう手配した。第三者に先に登録されてしまえば、使えなくなってしまうことを懸念してだった。

急いで商標登録の出願を進めた結果、半年後には「龍の瞳」が商標として認められた。その後、農林水産省から「龍の瞳の名はすでに商標登録されているので、品種名を龍の瞳とは異なる名前に変えてほしい」という要請が来た。これは織り込み済みだったので、すぐに、あらかじめ考えておいた「いのちの壱」という品種名に変えることにした。

新潟県の「魚沼コシヒカリ」や島根県の「仁田米（にたまい）」など、地域ブランドとしてすでに定着した銘柄米はいくつもある。ただし、品種名とは別の商品名を付けた例は、米に限らず、おそらくすべての農産物のブランドのなかで「龍の瞳」が初めてであろう。

農産物に限らず、その商品名がひとたびブランドとして定着すると、消費者の信頼がブランド名そのものに与えられるようになる。名前そのものが商品力になり、購買意欲にもつながっていく。ブランド品の定義はいろいろとあるだろうが、消費者がブランド名やマークを見ただけで安心と信頼を感じるまでになった商品がそれに当たると思われる。

ところで「龍の瞳」という名前をなぜ付けたのか。私のあずかり知らぬところであれこれ語られているのが面白い。龍は強い動物の良いところだけを合体させた架空の「動物」である。諸説あるものの、角は鹿、耳は牛、頭はラクダ、目は兎、鱗は鯉、爪は鷹、掌は虎、腹は蛟（みずち）、項（うなじ）は蛇といわれている。

田に引く水を綺麗にするためには、山をスギやヒノキなどの単一針葉樹の林ではなく、様々な種類の広葉樹も混じった混交林に変えるのが良いとかねてから考えていた。広葉樹が増えることで、保水能力が高まり洪水の危険も遠のく。積み重なった腐植層が腐植酸であるフミン酸やフルボ酸を作り出し、とくにフルボ酸は鉄と結びついてフルボ酸鉄となり、海まで届いて豊穣な魚介類を産み出す元となる。世界の主要漁場では海流の交わりが周辺にあることはもちろん、腐植物が流れ込む大河も周辺にあることが大事な条件になっている。

話は逸れてしまったが、平たくいえば、栄養に富んだ山があれば水も良くなり、水稲にとってもプラスになる。田んぼで農薬を使わない農業を行えば、河川の水を飲料水として利用している下流住民にとっても、海の生き物にとっても、幸せなことに違いない。

龍が、そうしたさまざまな意味での多様性のシンボルに思えて、龍、龍……と口にしながら考えていたら、ふっと「龍の瞳」という名がひらめいた。米粒がコシヒカリの一・五倍もあり、胚芽部分が龍の眼頭にも見えてきた。この米には何としても大きく育ってほしいという願いにもふさわしいと感じられた。

「龍の瞳」は「米らしからぬ名称」である。当時としてはとても珍しかった。もっとも「龍の瞳」はあくまでも商品名で品種名は「いのちの壱」である。品種名は米らしいといえば米らしい名ではある。日本人は、米を好むというDNAを連綿と引き継いできた。米はいのちを永らえる「元」でもある。「元」は「壱」でもある。「壱」には、育種家として次なる新品種、「壱」の次を作り出したいという秘めたる決意も込めている。

昨今では「新之助」、「青天の霹靂」、「森のくまさん」、「富富富（ふふふ）」など、米らしからぬ大胆な名称が、スーパーの店頭を賑わしている。「龍の瞳」の名が最近の米の名前事情に少なからぬ影響を及ぼしたもの、と密かに自負しているのだが、果たして真相はどうであろうか。

## 品種改良と突然変異

ところで、このように店頭に並んでいる銘柄米のほとんどは国や県などの試験研究機関における品種改良で生まれてきたものだ。もっと美味しい米、病害虫に対してより抵抗力の強い米、温暖化がさらに進んでも玄米が白く濁らない米……より良い米をめざして、資金が投じられ、何年もの歳月をかけて作り出されてきた品種なのである。

品種改良の多くは、異なる特性を持つ品種を掛け合わせる交雑育種法で行われている。こうした掛け合わせの場合、そこから生まれた一粒一粒の籾が新品種となる可能性を持つ新しい種籾として出現することになる。実際にはほとんどの種籾は捨てられ、わずかに残った良さそうなもののなかからさらに選抜されていく。粘り強い育種作業が続くのである。味、作りやすさ、耐病性など、どれか一つでも欠けていたら排除されてしまう。厳しい生き残り競争を経て「イチオシ」だけが市場に出てくる。

地道で気の遠くなるような作業や研究が全国各地で続けられ、毎年のように新品種が登場してくるのだが、その親になっている品種を世代をさかのぼってたどっていくと、ほとんどの場合、コシヒカリがからんでくる。

たとえば、美味しい米は採れないという北海道のイメージを覆したとまでいわれる「ゆめぴりか」も、ネーミングの面白さでも注目された富山県の「富富富」も同じ系列だ。

現在でも米の生産量の三分の一以上がコシヒカリである。だからこそ、掛け合わせの母体としても選ばれ続けてきた。多くの人に受け入れられてきたコシヒカリの「良さ」を引き継ぎ、それを乗り越えるためにコシヒカリが利用されてきたわけである。

技術の粋を集めた品種改良が圧倒的多数であるという状況のなかにあって、龍の瞳は、極めて稀な「突然変異」の品種から生まれ育った。自然のなかでまったく偶然に生まれ、農民たちからは「変わり種」とも呼ばれてきた「突然変異種」なのである。

一九四五(昭和二十)年、太平洋戦争が終わった年から今年(二〇二二年)で七十七年になるが、この間に優れた品種として社会的に認知された突然変異種は、私の知るところでは龍の瞳ぐらいしかない。粒の大きさ、甘さ、香りの良さ、粘りの強さ、噛み応えは、他の改良品種を凌駕しているとのお墨付きを与えてくださる米の専門家も少なくない。

「突然変異」というと最近では「遺伝子組み換え」と混同されることもある。前者は「神の力」、後者は「科学の力」と思ってもらうといいかもしれない。

遺伝子を組み換える目的はさまざまだが、なかにはこんな例もある。特定の除草剤だけに負けない遺伝子を作物に組み込むことによって、畑全体にその除草剤が撒かれたとしても、雑草だけが枯れ、作物は生き残ることができる、というものだ。こういう仕組みは、除草剤と農作物の種の両方を売る企業の事業戦略のなかで考案されたという。

一方、突然変異といっても、それが自然の状態のなかだけで起こるとは限らない。コバルトなどを照射し、人為的に遺伝子を傷つけて突然変異を起こす方法もある。

これに対して自然のなかでの突然変異は、いわば宇宙から飛んでくる「宇宙線」が遺伝子に働きかけて変異を起こす仕組みと考えれば、イメージしやすいかもしれない。自然界の場合は、変異の時点で遺伝子が固定されやすいという特徴がある。

植物では受精する瞬間に変異する場合と、枝分かれのときに変異する場合がある。後者の場合、たとえばリンゴでは「変わり枝」が出て、本来実るはずのリンゴとは別物が成る。

このリンゴの例もとても不思議なことだが、龍の瞳（品種名「いのちの壱」）の場合はもっと不思議だった。なぜなら、コシヒカリしか植えていないはずの田んぼから、コシヒカリではない系列の種籾が出たからである。二〇〇〇（平成十二）年九月に、自宅前のコシヒカリの棚田で、偶然に発見したときには二株から十数本の変異した穂が育っていた。どのような事情からそうなったのかは、未だに不明である。

実はその前にも不思議なイネは日本国内で見つかっている。一九八九（平成元）年、伊勢神宮の神田から偶然に発見された「イセヒカリ」である。ここでも二株が変異していたとのことであり、この事実は私にとっても、興味深く神秘的なできごとなのである。

龍の瞳だって、やがてはより美味しい米に取って代わられるのではないか――。その可能性はもちろん否定しようもない。ただし、現在のようなコシヒカリを母体とした品種改良の流れのなかからは、そう簡単には出てこないようにも私自身は思う。あるとすれば、龍の瞳、より正確には「いのちの壱」の掛け合わせの結果としての米のなかからになるはずだ。

## 二匹のミミズと梅の値段

人生観を決定づけるような特別な日が、人には訪れる。
私にも、農薬をなるべく使わない農法を追求しようと誓うことになる特別な日があった。二十歳代の半ばの頃だからすでに四十年も前になるが、その光景はまるで原風景のように目に焼き付いている。

農薬散布は避けたかったけれども、稲の穂が出た後、慣行農法のままに動力散布機を使って農薬を散布して、自宅に帰ろうとしていた。ふと田んぼの水口(みなくち)を見ると、大きなミミズが二匹、跳ねるように激しく体をくねらせていた。苦しんでいるとしか見えなかった。その姿を見てピンときたのは、直前に使った殺虫剤の恐ろしさだった。

ミミズに悪いことをしてしまったと心が痛んだ。水口だったので湿っており、即座に殺虫剤が土の中に染み込んでいったのであろう。ミミズは益虫だということは十分に理解していた。その益虫が目の前でこんなにももがき苦しんでいる。

当時、有吉佐和子さんの『複合汚染』（一九七五年刊）を読んでおり、農薬の恐ろしさだけでなく、人々の低農薬への取り組みなどについて、関心を強めていた時期でもあった。

あの時、二匹のミミズと出会わなかったなら、私の人生はまた、大きく変わっていただろう。

もう一つ、若い日の体験で忘れられないことがある。季節は六月。二十歳の頃の話である。霧雨のなか母と小梅を採りに畑へ出かけた。葉や枝、変色した梅を取り除き、透明なビニール袋に梅を詰めた。住んでいる地区の八百屋さんまで届けて、高山市の市場に運んでもらった。そこで競りに掛けられた。後日、郵便で届いた伝票を見て愕然とした。重さ一キロで六十円。手間代にさえならなかった。

店頭に並ぶ梅の値段とは相当な差があった。農家の希望価格を付けられるようなシステムを考え出さない限り、誰も農業に従事しなくなる。産業として廃れるどころか、農山村社会そのものが疲弊してしまうと、強く感じさせられる体験でもあった。

品種登録の話からずいぶん遠回りしてしまった。けれども、「いのちの壱」の品種登録と、「龍の瞳」の商標登録によって私は力をもらえたと思っている。それは若い日の恐怖心と憤りと疑問に、私なりの答えを出していくための力である。そういう力にしなくてはならないと考えてきたし、これからも模索を続けていくつもりである。

# 第二章　ブランド化へ、最初の一歩

## 八人衆の手で栽培へ

二〇〇三（平成十五）年四月に品種登録を申請した。それは、私が見つけた稲がこれまでに栽培されてきたどの稲ともまったく違う新しい品種であるということが、公的に保証されるための不可欠の手続きであった。

品種登録出願の受理が官報で告知されるのは、申請から半年後の秋になる。出願が受理されたとはいえ、認可がすぐに降りるわけではない。本格的な審査はそこから始まるのである。七年もかかってようやく登録認定された例もあると聞いていた。

私なりの勝算があっての申請だったとはいえ、この稲にはどのような栽培方法が適切なのか、調べなくてはならないことはたくさんあった。いくら美味しさに自信があるとはいえ、多くの人に食べてもらわない限り話題にものぼらない。栽培面積を広げていくしかなかった。そのためには栽培を委託できる農家の確保も必要だ。農水省職員としての仕事は続けながら、信頼できる人に声を掛けていくことにした。

担い手として真っ先に思い浮かべたのが、定期的に集まっていた「農村交流会」の仲間だった。当時私は、若手や中堅の農業者、農村の環境保全に熱心な人たちと、個人の立場で、農業と農村の未来について、年に二回ほど泊まり込んであれこれ語り合っていた。

参加者のなかに、私と同年代の曽我康弘さんがいた。曽我さんは地元の下呂市で農機具販売店を営む傍ら、有機肥料を使った米作りにも力を入れていた。田植えの時期の気温と秋の収量にどのような相関関係があるのかを調べるのに協力をお願いしたのが、最初の出会いだったように記憶している。「いのちの壱」の品種登録を出願したあとで、田んぼに刈り残っていた一株を初めて見せたのも、曽我さんであった。

曽我さんは、父親が営む農機具店「源丸屋（げんまるや）」を二十歳で継いだ。父親が病に倒れたためだ。それからは農機具の商売に専念した。三十歳になる頃、母親に言われた。

「もうわしは田んぼをやらんで、お前やれ」

田んぼは一反ほどしかなかったとはいえ、それまでは母親が「鍬頭（くわがしら）」（農耕の指揮をとる者）として仕切ってくれていた。田んぼの経験はなかったが、言われるままにやってみると面白く感じられた。

元号が平成に変わると、区画整理で所有する田んぼも広がった。下取りで引き取った大型の農機を使って、大きくなった田んぼの田植えをするようになった。

すると、顧客から「田植えを代わりにやってもらいたい」と頼まれるようになり、曽我さんはすべてを引き受けていった。そのうちに農業に特化した「源丸屋ファーム」を立ち上げることになった。三十歳代の半ばを迎えていた。

栽培の中心はコシヒカリだった。事業として継続していくために、肥料をどうするか一から考え始めた。まだ化学肥料一辺倒の時代だった。

〈これからは有機肥料の時代だろう〉

農業普及員には「お前何を言っとる」と頭から否定されたが、めげずに有機肥料を使い続けた。施肥設計もして農薬も工夫した。周りの農家から「教えてほしい」と頼まれるようになり、肥料設計自体もやがて商売になっていった。

二〇〇三（平成十五）年の秋、曽我さんは、私の自宅近くの田んぼをわざわざ見にきてくれた。私は勤務先にいて不在だった。刈り入れ前の田んぼで豊かに実った、まだ名もないイネの立ち姿を見て、とても感動してくれたらしい。

「イネから後光が射していたんです。後光のような感じと言えば信じてもらえますか」

曽我さんのその言葉は後に人づてに聞いたのだが、私には彼が言わんとするその感覚がとてもよくわかった。私自身も、まさにそのような「オーラ」を実際に感じていたのだから。

曽我さんをはじめ当時の仲間とは、米の将来のことも何度となく語り合った。

「この米を食べに下呂温泉に来てもらおまい。だけど量がなければ話にならない」

曽我さんの言う通りだった。曽我さん自身も地元の農家の方に協力を呼び掛けてくれ、私や曽我さんも含めて八軒の農家で栽培に乗り出すことになった。八人が顔をそろえたのは二〇〇四（平成十六）年のはじめのことだ。

それぞれの農家と栽培契約を結び、生産組合という形にしてきちんと組織化するまでには、まだ少し時間は必要だったが、八軒の農家は、まったく新しい米「龍の瞳」を栽培しながら意見交換もする集まりとして動き出した。そのうち、誰が言い出したのか、「八人衆」を名乗るようになる。

低農薬栽培の方針は最初から共通の了解事項になっていた。低農薬という考え方が当時はまだ定着していない地域だったので、いわば変わり者ばかりが集まったともいえるだろう。ただ八軒の農家を合わせても、初年度（二〇〇四年度）の栽培面積は九〇アールほどしかなく、まだまだ試験的栽培の域は出ていなかった。

### 新聞記事の反響

まだ動き出したばかりだったとはいえ、この年の五月十八日には日本農業新聞の一面に「龍の瞳」の記事が載る。「まだ品種登録の申請中」という注釈つきで記事は次のような書き出しになっていた。

「大粒で粘りが強い水稲新品種『龍の瞳』の試作が今年度、岐阜県下呂市と恵那市で始まった」

記事に恵那市が加わっているのは、八人衆のひとりが恵那市にある棚田で栽培を始めていたからである。記事には、コシヒカリと龍の瞳の米の大きさの違いがひとめでわかるような写真も添えられていた。

すぐに全国各地から反響があった。宮城県の農家からは「種がほしい」、広島県福山市の農家からは「コシヒカリよりも美味しくて売れるコメを作りたい」など、様々な声が寄せられた。

地元岐阜県の行政トップに近い人たちからのアプローチもあった。県としてはその頃すでに「ハツシモ」を県産米の品種として推奨していた。にもかかわらず、「観光施策とも絡めながら、飛騨産の米として売り出していけるのではないか」という内々の意向もあると聞かされた。

間もなくして当時の知事から「会いたい」と連絡があった。「構造改革特区」の構想への参加を打診され、秋には東京のデパートで特別販売するアイデアも提案された。

足元の下呂市からも地元産の米に期待する声が寄せられた。しかし、「市が動きだすとなると、新しい品種として実際に登録されることが前提になる」と釘を刺されてもいた。その点、県のほうが登録前にもかかわらず、後押しに積極的な姿勢を見せてくれていた。

## 不安のなかで「親」を探す

そのようにして「龍の瞳」という登録前の米の魅力が口づてに伝わり、いわば〈米のひとり歩き〉が始まっていた。私自身も「こうなったら、もう動きは止められない。私も流れに乗って行くのみである」と覚悟を決め、当時の日記にもそう書いた。

とはいえ、品種登録の決定がいつになるのか見通しはまるで立たない。登録認定に向けた審査の経過は、審査のための栽培がどこで行われているのかも含めて、何も知らされることはなかった。

コシヒカリのなかから見出したにもかかわらず、コシヒカリの遺伝子は入っていないという不思議。「いのちの壱」は一体どこから来たのだろうか。私の田んぼのコシヒカリの種は、同じ地区で栽培していたコシヒカリから自家採取したものだった。種になった時点で、突然変異を起こしたのだろうか。確かに、並んだ二株から十数本の変異した稲穂が出ていた。なぜ、一株ではなく二株だったのか。考えれば考えるほどに不思議である。

登録認定を待っている間にも、「〇〇の遺伝子に似ている」などと言われれば気持ちは動揺した。けれども千粒重（米粒千粒の重さ）を聞いてみると、龍の瞳とは比べようもないくらいに軽い。「同じ遺伝子などあり得ない」と即座に安堵したこともある。

親しい立場で私のことを見守ってくれていた人にも言われた。「龍の瞳には親がいるはりたい。

ずだ」と。もちろんその可能性はある。否定しようもない。わかるものなら、きちんと知

新品種かどうかの判別には遺伝子鑑定が早道である。話は前後するが、インターネット

でもいろいろな手立てを調べ、福岡県久留米市にあるバイオ研究の会社「ビジョンバイオ」

に正式に遺伝子検査を依頼した。品種登録を申請したのとほぼ同じ時期だった。

相手方からまず次のように指示された。

「ご当地で栽培されている品種をすべて教えてください」

「コシヒカリ、あきたこまち、ひとめぼれ、タカヤマモチ……ぐらいですかね」

私がそう答えると、次のように言われた。

「わかりました。少し時間がかかるかもしれませんが、きちんと調べて報告いたします」

ビジョンバイオの担当の方には誠実に対応していただいた。しかし、なかなか連絡が来

ない。その年の七月になってようやく電話で回答があった。

「親は特定できませんでした」

それが結論だった。

「全部で二百十品種を調べさせてもらいましたが、親である可能性のある品種は一つも

ありませんでした。結局はわからなかったのです。本当に申し訳ございません」

後日、「不明」との鑑定結果が文書でも届いた。「お代は、いただけません」とのことで本当に恐縮した。その時の対応をみても、ビジョンバイオの誠実さがうかがえた。たぶん、そのような姿勢で信頼を広げていったのだろう。同社は現在でも一流の遺伝子解析会社として、業務を着実に拡大しているようだ。

「親が不明」ということは、新品種の可能性を強く示唆する結論ではあった。けれども、品種登録が認められるまでは、やはり不安を抱え続けることになる。今振り返ってみれば、品種登録を申請してから結論が出るまでの期間（実際には三年ほどかかった）が、精神的に最も不安定な時期だったように思う。期待と不安、緊張感に揺れ動いていた。

### 試行錯誤のなかで

知りたかったのは、龍の瞳の血統のことばかりではない。どういう形で栽培するのがこの稲に最もふさわしいのか。栽培して収穫したら、それをどうやって販売していけばいいのか。わからないことばかりだった。いっそのこと、栽培から販売まですべてを農協などに委ねてしまったほうが楽でいいのでは、と思ったことさえあった。

県や市、あるいは農協関係者とも相談を重ねる一方で、自然農法を手がける人がいると聞けば、会いに行った。

　実際に米を食べてくださった方の多くから、その味を絶賛する声をいただいていた。一方で、「去年より味が落ちている」「モチモチし過ぎて、たぶん好き嫌いがあるだろう」と否定的な感想を伝えてくる人もいる。動揺する気持ちを抑えて、どのように炊いたか、どこで採れた米だったかなどを失礼のないように尋ねては、何が「味落ち」の原因だったかを懸命に探った。

　私も含めて八人衆の誰にとっても初めて挑戦する稲である。試作段階ゆえの不安の声も聞こえてくるようになっていた。熱心であるが故の疑問や不安も生まれ、質問も次々と寄せられてくる。

「芽が出てこないけど、種は生きているのだろうか」

「葉っぱが垂れ下がっているが大丈夫なのか」

「穂がちっとも垂れないけど、そういう品種なのか」

　答える私にだって、本当はまだわかっていないことが少なくなかった。それでも一生懸命に答えようとした。より良い栽培の仕方を少しでも早く確立していきたくて必死だった。

## 一枚の絵図に思いを託して

私の手元に一枚のメモ書きのような絵図が残っている。

絵図の説明をすると、左上には、針葉樹と広葉樹の混交林が生い茂る里山がある。その山を源流とする川が右下の海に向かって流れている。魚が遡上するこの川の両岸には畑もある。そこに「龍の瞳はワサビの育つ水で作りました」というキャッチコピーのような言葉が書いてある。

絵図は私が作成した。日付は「2004年8月21日」。品種登録の見通しも立たず、先に書いたような不安と緊張感のなかで、栽培上の迷いや困難がいくつも課題として浮かび上がっていた頃でもある。信頼していた友人Sに相談すると「それをまず実際に絵に描いてみたらいい」と勧められた。

モヤモヤをとにもかくにも吐き出してみようと、描き上げたのがこの絵図だった。いったん描き出してみたら、どんどん筆が進み、あっという間に描けたように記憶している。頭のなかがすっきりとしたばかりか、あれこれの不安感からもいっぺんに解放された気がした。自分の軸となる理念がよりはっきりしたからだろう。

〈この構想でやっていけば、きっと大丈夫だ〉

下呂市や飛騨地域の農家所得の向上、地域の活性化、観光農業などなど、大きな構想を一つひとつ片付けていけばいい。実際、この時に描いた構想は、実現しようと考え続けていることの基本になっていて、今も見失うことはない。

絵図には短い文章も書き添えた。その一つひとつにも、さまざまな思いや考えを込めた。「龍の瞳はワサビの育つ水で作りました」という言葉を例にとるなら、用水路の水の清らかさの証として、ワサビを育てることも本当は目標にしたいと考えたし、それぐらいの清流のなかで育てたいという思いを強く持っていた。

もちろん、すべてをそのような環境に変えていくのは、たとえば平坦な土地などではとても困難な話である。とはいえ、そこに描いたのは、あくまでも象徴的なイメージのスローガンだったと開き直ってしまうつもりはない。ワサビが無理なら、そうではない代替植物は探せないのか。機会を見つけては、自分自身にも仲間にも真摯に問いかけ、イメージや理念をより現実に近づけていくための方策を模索してきた。

「自然とやすらぎを求めて田舎へ」という言葉もある。誰にどんな方法で情報発信していくのか。田舎に来られた人たちにどのように楽しんでいただくのか。その後、当時の構想や計画を具体的に実行していけるだけの経験を積み、必要な組織力を蓄えることもできた。田植え体験や虫の観察会、稲刈り体験、山野草のてんぷらを振る舞うイベントなどはす

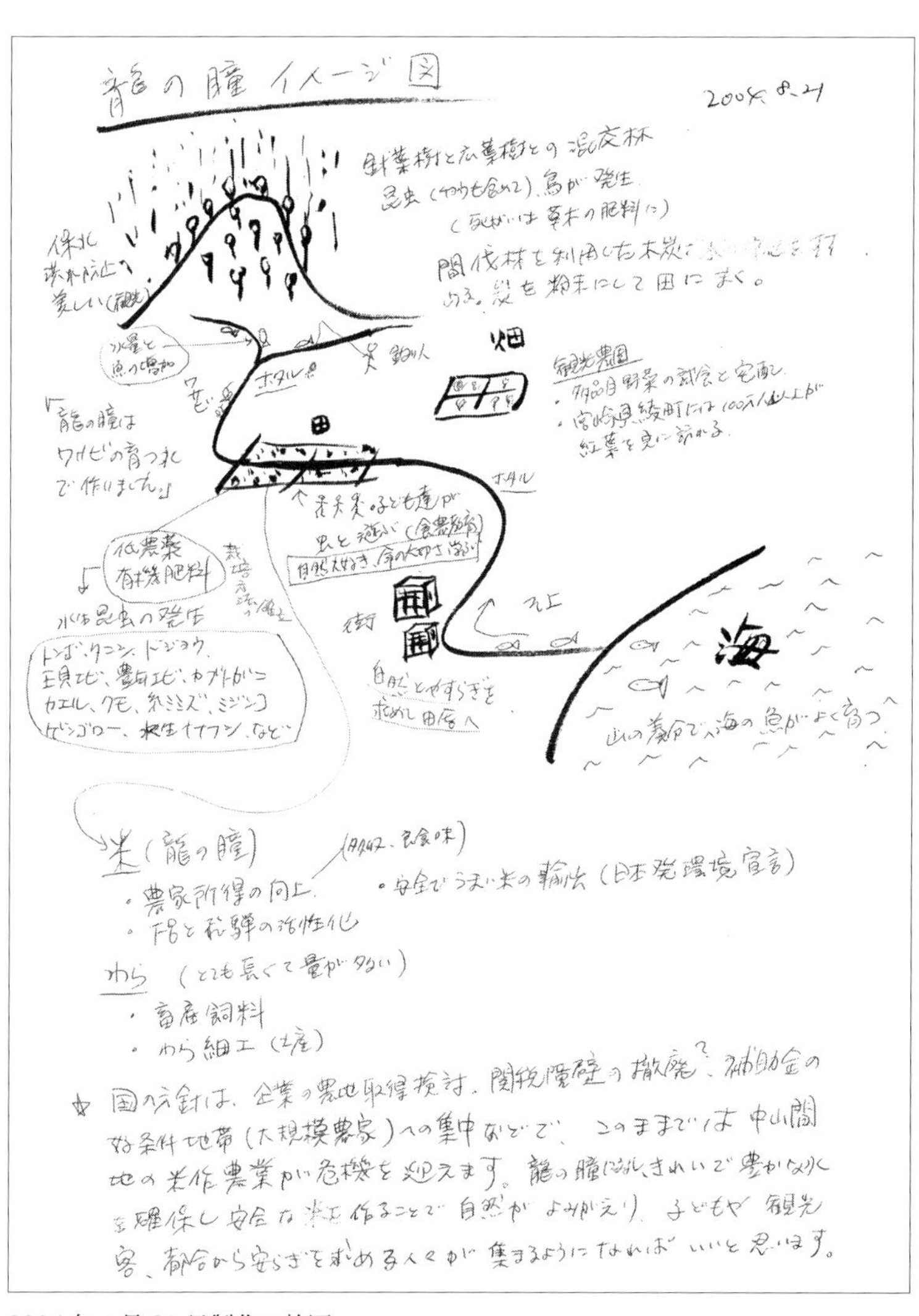

2004年8月21日制作の絵図

でに実施してきた。これからは、この地でしかできない体験を、さらにどのように取り入れていくのかが課題である。たとえば、下呂市内の旅館に宿泊して温泉を楽しむような企画と連動させていけるなら、思いがけない相乗効果が生まれてくるかもしれない。

それもこれも一枚の絵図に託した青写真がなければ、話は進んでこなかったし、今後も同様であろう。

ともかく、この絵図を描き上げてからは、八人衆に限らず、この人はと思う人に出会えば、絵図を見せて私の考えを聞いていただき、貴重な助言もいただいてきた。

企業が存続する目的とは何なのだろう。利潤が生まれなければ何もできないけれども、地域に愛されること、地域が幸せになること、言い換えれば、人の心も、経済も、自然も豊かにならなければ、地域に根差す企業の目的が実現したとはいえない。

そういう意味では、この絵図は会社の出発点であり、その後の「龍の瞳の物語」に繋がっていく原点といえる。それと同時に、絵図はめざすべき目標、ゴールでもある。これをおろそかにすると、私自身の立ち位置や姿勢もブレてくる。折に触れてこの絵に立ち返り、その時々の自分の到達点を確かめながら前に進んでいきたいとあらためて思う。

## 初めての収穫期

立場も経験も栽培環境も異なる八人衆による初挑戦の年も収穫期を迎えた。

龍の瞳の栽培技術を確立していくうえでの貴重な知見も、この一年で、少しずつだが獲得できていた。具体的には、慣行栽培、低農薬栽培、無農薬栽培、それぞれの違いを確認した。栽培地の標高も三〇〇メートルから七〇〇メートルまでの幅があったため、標高差が生育に及ぼす影響についてもある程度の感触を得ることができた。

八人衆は、それぞれの圃場（ほば）で苦労したことや、試みから得た知見を持ち寄っては毎月のように話し合った。そのうちに、誰かが言い出した言葉が合言葉のようになっていく。

「まずは魚沼コシヒカリに勝とまい（勝とう）」

曽我さんの家の農業用ハウスにみんなが集まり、精米した米の袋詰めをした。八人で打ち上げをした夜のことは忘れられない。

稲の発見から三年間は私はひとりだった。たった一人で栽培し、収穫していた。打ち上げの夜、私はそれまでとはまるで違う、深い喜びに包まれていた。

夏頃から準備を始めていた生産組合の結成総会も収穫の秋に実現できた。八人衆以外の人も来てくれて、確か十数人の集まりになった。

すべてが順調だったわけではない。課題や困難もよりはっきりとしてきた。

生産組合の部会では「胴割れ」を心配する声があらためて出された。

「胴割れを何とかしなければ、世の中には出していけない」

ともあれ、十一月には熊本県で開かれた第六回「全国米・食味分析鑑定コンクール」に「龍の瞳」を初めて出品。さらに十二月半ばには、東京の松坂屋銀座店で開かれた岐阜県産品フェアにも参加した。

「龍の瞳」を世の中へ送り出し、消費者に知ってもらう段階に入ったのだ。銀座のフェアは六日間に渡る日程だったため、私や曽我さんをはじめ、それぞれ家族ぐるみで会場近くのホテルに交代で泊まり込み、試食販売と宣伝に力を尽くした。

ただ、この時は正直なところほとんど売れなかった。知名度が全くなかったからだ。一キロ千円という価格設定に対して、「高すぎる」という声が身内の側からも出てきた。ただ、試食した方がとても感動していることが伝わってきて自信になった。

地元の下呂温泉にある老舗旅館にも販路を求めて、お願いに回り始めたのもこの頃からだ。

販路を広げるといってもまったくの新顔の米だから決して簡単ではない。契約農家の人たちは「龍の瞳は売れているのか」とか「命を懸けて栽培しているので絶対に倒産しないでほしい」など、経営のことまで本気で心配してくれた。

この年も含めて必ずしも先の見通しが立っていたわけではない最初の数年間は、やはり苦しかった。様々な理由で龍の瞳の栽培から離れていった農家もあった。その人たちも龍の瞳にかかわりを持てたことについては感謝の気持ちを口にしてくれていた。

龍の瞳を食べてもらった人の声も、できる限り受け止めたいと思い、アンケートを始めたのも二〇〇四年の収穫期からだった。当初はわずかな数しか集まらなかったが、それでも、不安だらけのなかで「非常に美味しい」との回答が返ってくれば、農家さんとともに喜び合ったものである。

次ページの図表は、当時から続けてきたアンケートの現在までの集計結果である。

「低農薬」という理想の旗を掲げていたから、契約農家は通常の米作り(慣行栽培)の三分の一程度しか農薬は使えない。そのぶん手間と苦労がかかるのは避けられない。だからこそ買い取り価格は一般米と比べて相当に高く設定した。苦労はあっても栽培するメリットを、理念だけではなく金銭面でも実感してもらいたかったからだ。

# 株式会社龍の瞳が集約したアンケート結果

集約期間は2004年11月～2022年5月31日まで

## 質問……「龍の瞳」のお味は、どうでしたか？

| | （%） | 実人員（人） |
|---|---|---|
| 非常に美味しい | 81.6 | 2,341 |
| まあまあ美味しい | 14.1 | 404 |
| ほかの米と同じ程度 | 3.5 | 100 |
| やや悪い | 0.7 | 19 |
| 非常に悪い | 0.2 | 6 |
| 合計 | 100.0 | 2,870 |

「龍の瞳」の味について

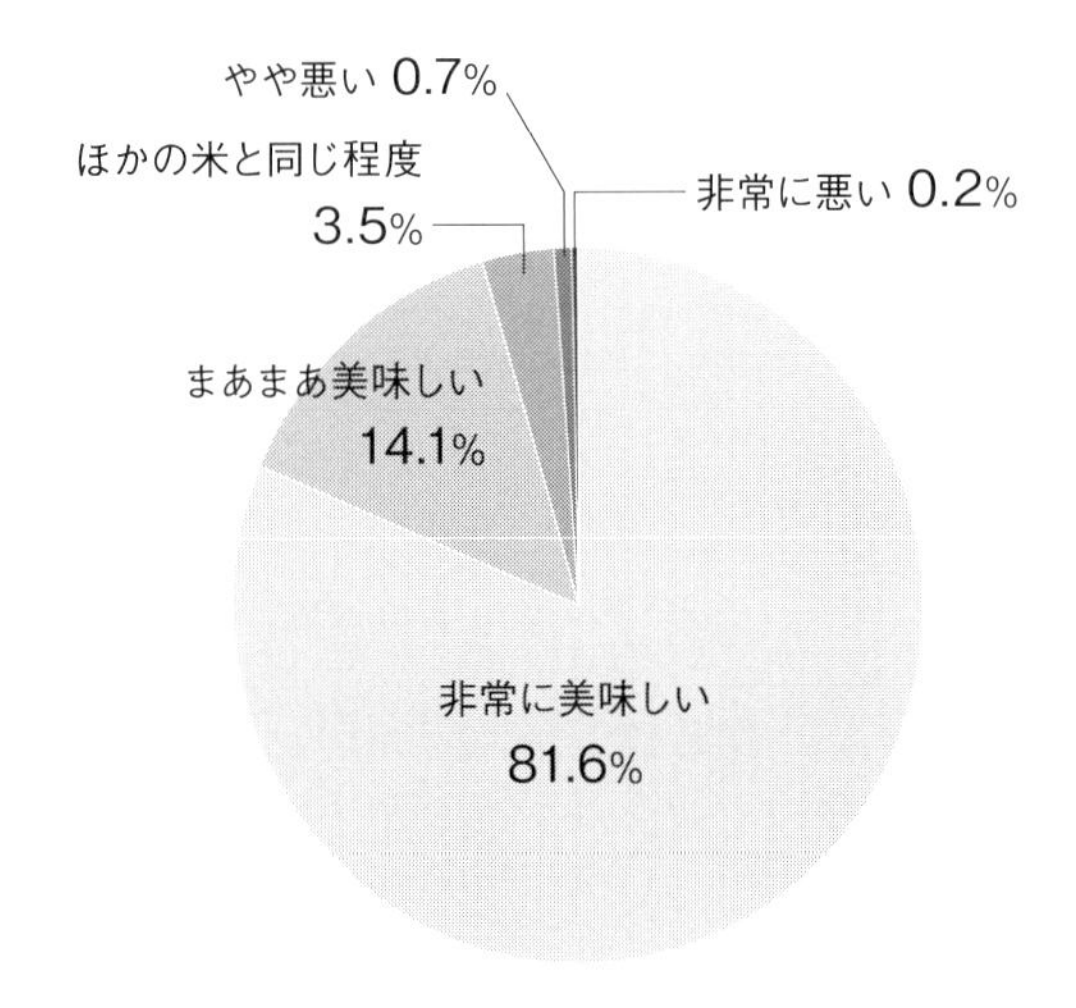

# 第三章　龍の瞳はなぜブランドになれたのか

## コンクールへの挑戦

日本で最も歴史があり規模の大きい米の食味コンクールは、米・食味鑑定士協会が主催する「全国米・食味分析鑑定コンクール」である。二〇二二（令和四）年までに二十三回を数えている。

龍の瞳のグループとしては、ここ数年は、われわれの米の特色を踏まえて参加を見送っている。このコンクールに初めて挑戦したのは二〇〇四（平成十六）年十一月、熊本県で開かれた第六回大会だった。八人衆として初めて収穫した年で、期待を込めて参加したものの結果は選外に終わった。

翌〇五年（平成十七年）に千葉市で開かれた第七回大会では、下呂市萩原町の生産者の龍の瞳が、「キヌヒカリ・龍の瞳部門」で特別優秀賞を受賞した。その頃は、現在に比べて参加する農家の数ははるかに少なかった。とはいえ初めての受賞によって励まされ、高みをめざして進むべく背中を押してもらう結果になった。

実は初めて大会に参加する前に、大阪にある米・食味鑑定士協会の鈴木秀之会長を訪ねた。「いのちの壱」を発見したことを報告するとともに、米業界の事情について直接、話を聞かせていただいたのだ。その際、少しだけだったが龍の瞳の籾と玄米を持参した。鈴木会長は籾と玄米をまじまじと見ていたように記憶している。〈岐阜の山奥からよく出て来たな〉などと思われていただろうか。とても親切な応対に感激した。あの時の籾は現在も協会のどこかに保管されていると思う。鈴木会長には今でも電話することがあるが、そのたびに「今井さんとは、もう二十年来のつきあいだから」と親しくしてもらっている。

「今度こそ」という気持ちで臨んだ二〇〇六（平成十八）年十一月の第八回大会は福井県の越前町で開催された。そこでは龍の瞳の契約農家が総合金賞を受賞することができた。一七八二件もの応募のなかで、上位十二人に入ったのである。

その時の感動を今でもよく覚えている。「龍の瞳っ！」とアナウンスされると会場がどよめいた。八人衆として栽培を始めて三年目。「ん、なに？　聞いたことのない品種だなあ」などと囁かれていたに違いない。

当時は有限会社だった「龍の瞳」の倉庫の中にあった契約農家の米を、特別にどれを選ぶでもなく取り出して出品した。正直にいえば、青米も交じっていて、品質に特別の自信があったわけではない。だが、この時の金賞受賞がきっかけになり、龍の瞳は一躍、注目されるようになる。今でこそ岐阜県飛騨地区は、長野県や群馬県とともに良食味米の産地として有名になっているものの、その頃はまだ全くの無名だった。それだけに龍の瞳が投じた一石は大きかった。

## 安堵の品種登録

金賞受賞の翌年の二〇〇七（平成十九）年三月、私は農水省を退職した。

その三年前、農業新聞の一面に龍の瞳の記事が出た二〇〇四年の夏ごろから「退職」の二文字はいつも頭の隅にあった。龍の瞳への注目と期待が高まり、「動きはもう止められない」と感じ始めたときから、「退路を断ってこの米の栽培と販売に専念すべきではないか」との思いは持っていた。本格的に乗り出すとなれば、公務員であるという立場が足かせになる場面は出てくるものと覚悟していた。現に新聞記事に私の名前が出たときから、職場の上司たちの心配する声はあった。

とはいえ、品種登録の見通しすら立っていなかった。「海のものとも山のものともまだわからない。何の保証もない。公務員の仕事は当面は続けるべき」と、曽我さんをはじめとして信頼できる周囲の人たちから、退職を思い留まるよう促されてもいた。米だけで食べていけるのか、家族を養っていけるのか、正直なところ私も自信はなかった。

起業セミナーにも顔を出し、会社などの組織を離れ、独立を考える誰もが共通に抱える不安だとわかりながらも、なかなか踏み切れないでいた。

二〇〇五（平成二十）年九月に有限会社を設立したのだが、公務員の私が代表になることはできず、家族名義の会社にした。

この年もテレビ局の取材が入り、電話が鳴りっぱなしの日々もあった。地元の老舗旅館でも、龍の瞳を宿泊客にふるまってくれるようにもなってきた。それまで退職に反対していた家族も、「見通しがつくなら、公務員を辞めてもいいよ」と言ってくれた。新聞やテレビで紹介されることが続き、ある日、母親にもしみじみと言われた。

「本当にお前は大変なものを見つけたな」

母も公務員のままでいることを望んでいたが、その気持ちに少しずつ変化が出始めているように感じた。

二〇〇六（平成二十）年七月十三日、ついに品種登録が認められる。

この時の安堵感は忘れられない。それから間もなくして、公務員を辞める覚悟を決めた私は、正式に退職の希望を上司に伝えることになる。

## 金賞獲得と「まんま農場」

二〇〇七（平成十九）年十二月には、亀の尾という米の発祥の地である山形県庄内町で新しく企画された米のコンテストが開かれることになった。「第一回あなたが選ぶ日本一おいしい米コンテスト」である。食味計測器などは一切使わず、予選、本選ともに審査員が実際に会場で炊かれた米を食して、味の良さを決める官能検査のみのコンテストだった。米に含まれる成分などを装置を使って分析する他のコンクールとは違って、あくまでも人が美味しいと感じるかどうかにこだわったコンテストなのだ。ちなみに、食味計と呼ばれる機械では美味しさの重要な要素である甘み、香りが数値化できない。

この大会で、飛騨地域最北の高山市上宝(かみたから)町にある「まんま農場」で栽培されていた「いのちの壱」が見事に金賞を獲得する。この時は上位六位のなかに、「いのちの壱」を栽培する農家の五人が入賞するという快挙を成し遂げたのである。

実は「まんま農場」の米は、その後もこのコンテストで連続して最優秀金賞を獲得する。

「まんま農場」で「いのちの壱」の栽培の中心になっていたのは和仁一博さんだった。和仁さんから初めて電話をもらったのは、二〇〇五(平成十七)年の三月。業界紙に載った記事を読んだという。それは下呂で米の新品種が見つかったという小さな記事だった。会ってみると私と同じ年だとわかった。

「この新品種はあまり外には出したくない。地域の米にしたい」

私の考えていることを率直に伝えると、和仁さんは地域での取り組みを話してくれた。

上宝町は標高六五〇メートルほどの山間地だ。古くは稲作は困難だといわれてきた土地である。おそらくは温暖化に加えて、米の品種改良が進んだこともあるのだろう、徐々にだがこの地域でも稲作が広く行われるように変わってきていた。

一方で、高齢化問題が深刻化するなかで耕作放棄地が増えていく。それを何とかしたいと、和仁さんの仲間たちが本格的に農業に取り組み始めた。和仁さんは勤めていた測量会社との兼務で、仲間三人と合流する。当時は高山市として合併する前の上宝村だった時代で、村の支援も得て大型のコンバインも購入。耕作放棄地での耕作を頼まれるままに引き受け、田んぼを抱え込んでいった。

大型コンバインで初めて刈り取りをしたのが二〇〇三（平成十五）年だったという。四町歩の田んぼからとれた米（コシヒカリ）をすべて農協へ持ち込んでみたものの、一年間の決算をしてみると収支はトントン。赤字にこそならなかったが利益はほとんど残らなかった。

「このままでは経営として成り立っていかない」

「農協に出していたら自分たちの給料も出ない」

ひと冬かけて、これからどうしていくか、仲間四人で延々と議論を重ねた。

和仁さんらが出した結論は「これからは自分たちで米を売っていく」ということだった。

そのために二〇〇四（平成十六）年に立ち上げた会社法人（株式会社）が「まんま農場」だった。

会社組織にしたとはいえ、仲間の誰も米を売ったことがない。それどころか米を買ったことさえなかった。家で食べる分の米は自分の家で作っていたからだ。米の値段がそもそもいくらぐらいなのかさえ、実は知らなかった。

最初にしたことは、地元のスーパーを見て回って、米がいくらで売られているのかを確かめることだったという。

こうして米の値段はわかったものの今度は売り方がわからない。どこかに販売を委託したりすれば、農協に出したときと同じことになりかねない。自分たちで売るしかないと考えた。できた米を一合、二合の袋に小分けして、親戚や同級生の家に配って歩いた。それしか方法は思いつかなかった。その頃は上宝地域には、米を自宅まで届けてくれるようなサービスはなかった。

「台所まで上がって、米櫃に米をあけますよ」を、サービスのうたい文句にした。車で一時間以内に運べる範囲であれば、注文はすべて受け付けた。口コミで販路は広がり、利益も出せるようになった。

龍の瞳の記事が和仁さんの目に留まるのは、そんなふうに事業が軌道に乗り始めた時期だったようだ。

上宝は同じ飛騨でも最北の、下呂からはかなり離れた地域である。八人衆の仲間のなかには、栽培地をそこまで広げることをためらう声も当初はあった。けれども、和仁さんらの地域への思いや、低農薬栽培への熱意に共感した私は、一緒にやっていくことを決めた。

二〇〇五（平成十七）年三月。まずは一反ほどの田んぼで試験栽培をしてもらうことにした。和仁さんは自分の子のアレルギー体質をとても気にかけていたから、農薬を使わないという決意はもともと誰よりも強く持っていた。

試験栽培で手ごたえを感じてくれた和仁さんからは「期待した通りのすばらしい米」との言葉もいただいた。栽培方法をめぐって情報交換をしながら、栽培を続けてもらった。

和仁さんらよりも一年早く栽培に乗り出していた八人衆は、それぞれに龍の瞳が大粒であるがゆえの扱いにくさを実感させられていた。大粒だから割れやすい。乾燥機による乾燥も他の米と同じようにするわけにはいかなかった。籾すりにも精米にも一工夫を求められた。

まんま農場では二千万円の乾燥機を新たに注文する予定だったが、曽我さんの助言を受けて機種を選定し直すとともに、肥料設計も曽我さんに委託することになった。

おそらく、まんま農場の標高や気象条件が龍の瞳に適してもいたのだろうし、土壌の良さがそこに加わったに違いない。そこでは確かに良い米が育っていたのである。そんな頃、庄内町が主催する米コンテストのことを知った私は、和仁さんにも早速伝えた。

そして、迎えた本番当日。

庄内町の会場にはもちろん私も同席していた。

「金賞、まんま農場、いのちの壱!」

アナウンスの瞬間、こぶしを胸の前で握っていた。それまでも上位入賞者のなかに龍の瞳のグループの農家が何人も入っていて、気持ちは大いに高ぶっていた。その締めくくりに待っていたのが最高の金賞受賞だった。

## テレビ番組のインパクト

庄内町初のコンテストで最高賞を獲得した意味は、想像した以上に大きかった。何よりもテレビや新聞などの大手マスメディアが、こぞって龍の瞳を紹介する番組を作ってくれるようになったのである。

翌二〇〇八(平成十)年には、まずはテレビの情報番組「旅サラダ」(朝日放送)が、龍の瞳を取り上げてくれた。現地からの生中継ということで、カメラクルーが私の会社にやってきた。私にとって、もちろん初めての体験だった。

インタビュアーとして現れたのはコメディアンのラッシャー板前さん。撮影は田んぼの中だ。ディレクターが妙に心配するから綿密に打ち合わせをした。ところが、中継本番になると、ラッシャー板前さんと私の掛け合いが本来のシナリオから外れてしまった。けれども、撮影が終わってみると、ディレクターの方に笑顔で「とても良かったです」と言ってもらえた。

テレビ番組のお蔭で続々と注文が入ってきたものの、会社としての体制が整っていなかった。農薬不使用米の販売量を制限し調整するための計量カウンターもなかったため、結果的に在庫数を上回る注文を受け付けてしまった。大慌てで欠品のお詫びを電話で行うことになり、多くのお客様に迷惑をかけてしまった。

新聞でも多数の報道がなされたが、いちばん大きな反響があったのは二〇〇八(平成二十)年三月二十九日の中日新聞夕刊の一面トップの記事である。反響は一般の消費者にとどまらず、これを見て栽培契約の申し込みに来た農家の方もいた。

二〇一〇(平成二十二)年に放送されたNHK番組「産地発！　たべもの一直線」は思い出に残っている。放送の話が持ち上がったのは、前年の秋ごろだった。

稲が田んぼで育っている日数は、龍の瞳の場合で百三十日ほどになる。

# 『龍の瞳』に熱い視線

## 下呂生まれ 味な新米品種

岐阜県下呂市で生まれた米「龍の瞳（りゅうのひとみ）」が熱い視線を集めている。自然の突然変異で登場したが、県外に広く知られるまでに成長し、飛騨地方の稲作再生への夢も膨らむ。人気の秘密を追った。（萩原通信局・福本雅則）

「龍の瞳」は下呂市萩原町宮田、元東海農政局職員今井隆さん(五三)方の水田で八年前に見つかった。コシヒカリの稲の中に背の高い二株があるのに気づいた今井さん。種もみを翌年植えたら、太くて力強い株が育った。

粒はコシヒカリの一・五倍もある。「一粒一粒が輝き、甘さと粘りは別物だった」。稲の倒れにくさも栽培に適している。ほれ込んだ。四年前から量産と育成に乗りだし、専念するため昨年三月に農政局を退職した。

名前は「稲作に欠かせない水の神様である竜神と瞳のような粒」から付けたという。

コシヒカリ㊤と「龍の瞳」の粒を並べて見せる今井さん

「龍の瞳」の視察に訪れた愛知県の生産者ら＝昨年秋、岐阜県下呂市萩原町で

団体や個人でつくる「龍の瞳」の生産組合と契約する形で生産。昨年と一昨年には全国的なコンテストやコンクールで頂点に立ち「大粒で存在感があり、ソフト感やのどごしはコシヒカリを上回る」との評価を得た。

組合加盟数は当初の八から約六十に増え、昨秋の収穫量は約百トン。出荷先も岐阜県から名古屋、大阪、東京などへ広がり、視察に来る生産者もいる。

**米の品種と突然変異**　農林水産省への品種登録は現在約560種で、毎年30種ほどが加わっている。1割程度が「龍の瞳」（登録名・いのちの壱）など自然に生まれた種。新品種のほとんどは人工交配か放射線照射による突然変異だが、自然界でも起きる。問い合わせ先は、合資会社「龍の瞳」＝電0576（54）1801。

## 突然変異だけど… 大粒、美味で高評価

今井さんが目指しているのは、地域の水田再生と自然の生態系を壊さない米作り。方向性は生産者の意識にも浸透している。

過疎が進む飛騨地方は耕作放棄が深刻。生産意欲を高めるため、組合加盟者から買い上げる価格を一般品種より五割ほど高くした。

その一つ、農業生産法人「まんま農場」（高山市上宝町）も休耕田を借り上げて栽培。「安全でおいしい米作りにこだわりたい」と意気込む。

「龍の瞳」は低農薬栽培だが、今井さんは「まだ発展途上」と無農薬を研究。その先に「龍の瞳」の利益を資金に山へ広葉樹を植える活動を思い描く。

「山が豊かになれば川や水田の環境も良くなる。自然を再生し地域の魅力を高めたい」

中日新聞　二〇〇八年三月二十九日夕刊

その前に、耕起から浸種、苗づくりがあり、そこから田植えになるわけだ。稲刈り後も、乾燥、精米、袋詰め作業を経て出荷する段階まで含めれば、かなりの日数がかかる作物である。

「産地発！　たべもの一直線」は、日曜日の朝六時五分から五十分までの四十五分番組なのだが、真剣に取り上げようとすればするほど取材は何度にも及ぶのだろう。一回当たり半日から一日の撮影時間で、計五、六回の取材を受けた。それほどまでに真剣に考えてくれたのだと、取材クルーに感謝している。

最終段階では、渋谷区神南にあるＮＨＫの本局で座談会の収録があり、アナウンサーの井上あさひさんが司会を務めた。後で録画を見てみると、平静を保っていたはずの私の手が意外にももじもじと動いていて、相当に緊張していたようだ。

日曜の早朝の番組であるにもかかわらず、視聴率が確か五パーセントほどと高く、すぐに反響があった。龍の瞳のホームページの閲覧数は瞬く間に七千回を数え、八百人が実際に購入してくれた。マスメディアの影響は大きく、一気に認知度が高まっていった。

## ブランド化へ結束

こうなってくると、この画期的な米を、どうやって世の中に広く届けていくか、がいよいよ切実なテーマになってくる。栽培面積を広げることは、もちろんその前から意識していたことではあるが、認知度の急激な高まりのなかでそれがますます求められるようになった。

まんま農場の参加で、主に下呂市内の二つの地域と上宝を中心に栽培されている龍の瞳を岐阜県北部の飛騨地域からさらにどのように広げていくか。

龍の瞳生産組合を作り、その支部に当たる龍の瞳生産部会を県内各地に作っていくことが決まった。その際、米の品質を守っていくために、種籾を外には出さないこともあわせて栽培契約農家に約束してもらうことにした。

生産組合では、米の栽培地を広げていくにあたり、龍の瞳を米のブランドとして育て上げていく必要があると考えていた。そのためには「差別化」が欠かせない。差別化の指標としてこだわったのは、化学肥料、農薬はできる限り使わない、減らしていくことだった。それを徹底することによってより安全な米を作っていくことを、差別化への第一の柱にした。

なかでも和仁さんは、家族の食アレルギー経験を通して、より安全で安心な米へのこだわりが人一倍強かった。そんな和仁さんと曽我さん、私の三人でよく話し合った。農業経験豊富な曽我さんが「施肥設計」を担当して、土壌に合わせた肥料成分などを決めていった。

まんま農場では、もともと化学肥料や農薬をできる限り使わないことを基本にしていた。栽培面積を広げていくなかで、ある程度までは農薬に頼らざるをえなくなったときも、最小限に抑えてきた。龍の瞳生産組合としても、とくにそこは気を遣ったし、中心メンバーの気持ちもその点ではほとんど一致していた。

栽培地が急速に増えていっても、契約農家であれば栽培マニュアルを守ってくれているものと信頼していた。ただし、会社としてはそれを消費者に担保する必要があったので、各農家から栽培履歴を提出してもらうとともに、田んぼの巡回も年二回は実施した。米の残留農薬検査も、くじ引きで無作為に抽出した農家を対象に行った。

栽培マニュアルがあったとはいえ、栽培方法を常に模索しながら、新たな試みを重ねていた。より良いと思われる方法を次々と採り入れたため、契約農家からは「方針がころころ変わる」「生産者を実験台にするな」などと苦言を寄せられたこともある。真摯に受け止め、「その通りです。申し訳ありません」と謝るしかなかった。苦言にも一つひとつ誠実に向き合うことで、かえってきずなは強化されていった。そのうちに、会社の指示の不具合に対しても、「仕方がないなあ」と許容してもらえるような信頼関係を築いてこられたと思っている。

## 育成者権の喪失

二〇〇八（平成二十）年八月八日もまた、私にとっては決して忘れられない日になった。この日、農水省種苗課から配達証明付きの封筒が届く。それによれば、種苗法にもとづく、「いのちの壱」の育成者としての私の権利が消滅したというのである。

事は至極単純であった。更新に必要な手続きを期限内にしていなかったというのだ。何ということ！　ショックでショックで畳の上を転げまわった。涙が次から次へと出て、二、三日はふさぎこんでしまった。要するにこれからは誰でも「いのちの壱」を栽培できることになる。発見者としての私の独占権がなくなってしまったのである。

しばらくは何も手につかなかった。気力も湧いてこない。農水省を退職した私は五十二歳になっていた。そこから米作りとは別のまったく新しい事業を始めることなど到底できそうにもない。

母親は、私の落ち込んだ様子を見て、自殺してしまうのではないかと本気で心配していたようだ。友人のSに電話したら、いとも簡単にこう言われた。

「龍の瞳という商標があるから大丈夫だ」

とたんに気持ちが楽になった。魔法の言葉というものがあるなら、私はそれを聞いたわけである。

思い悩んだ末に、次のように考え直すことにして、希望を持ち直した。

個人で独占していた権利が広く使われる権利に変わったことを、これもまた「天の声」と思うことにしよう。権利を失うという最大のピンチのなかで、これからも事業をともにしていける仲間づくりを本気でやっていこう。これからは、第三者が栽培する「いのちの壱」と、私たちが栽培して商品化する「龍の瞳」の差別化を追求するしかない。あわせて自分に向かって何度もこう言い聞かせていた。「権利を失っても理念まで失ってはいけない」

## ＮＰＯ法人の設立と挫折

「龍の瞳」がブランドとして広く知られるようになる前、私は生産組合とは別に、もう一つの組織を立ち上げていた。ＮＰＯ法人「龍の瞳倶楽部」である。

龍の瞳を活動の中心に置いて、安全で安心な作物の普及、食育や農業体験なども加えた食農教育の推進、地域の活性化、環境を守る稲作の追求、山の再生――などを目的に掲げたＮＰＯで、二十五人ほどが加入してくれた。先に紹介した龍の瞳の絵図に描いた理想をかたちにするための組織として位置づけていた。

法人設立は準備にそれなりの時間がかかった。法務局で登記をしなければならないのはもちろんだが、総会を開くことや県事務所への議事録の提出も求められる。総会を成立させるのに必要な数の委任状をもらう作業もあった。

設立認可を受けて、ともかく走り出した。田植え体験、稲刈り体験、虫の観察会、さらには、フォークソングのグループによる音楽イベントも主催した。音楽イベントでは音量を闇雲に上げて周辺住民に迷惑をかけたし、スタッフの確保が間に合わず、来場者に臨時スタッフを押しつけるなど、ハチャメチャな運営をしていた。

大失敗もあった。約七百五十万円の古民家を買い求めたことである。農作業を体験しながら宿泊できる施設をめざして購入。自費を八百万円ほど投入し改修も行った。しかし、思いのほか維持費がかかることがわかり、事業そのものを中断することになってしまった。

相当な赤字を出し、苦い経験になった。幸いなことに、後に地元の若手経営者が買ってくれ、現在は有効活用されているので、結果としては「良し」としなければならないだろう。古民家とあわせて買った農地も何とか売却できた。ままならぬ人生も最終的には帳尻が合うようになってくるものだと、自分に都合良く解釈することにした。

ところで、このＮＰＯ組織の結末はというと、参加者が年々減っていったために最後は解散に追い込まれてしまった。いちばんの原因を探っていけば、当時の私の足が地に着いていなかった、現実的ではなかった、ということに尽きる。

たとえば、最初に思いを馳せ目標にもしていた「山の再生」。これなども言うのは簡単だが、現実には里山そのものはもちろん、担い手となる人材も確保しなくてはならない。さらには林産物や副産物をどのように商品化して販売していくのかという戦略まで描けなければ、それこそ絵空事に終わってしまう。

何よりも、会社を立ち上げたばかりの草創期に別の新しい組織を作ってしまったことが果たして良かったのか。会社本体の組織をきちんと作り上げ、資金にも余裕が出てから取り組むべきではなかったかと反省している。とはいえ、理念や理想を大事にして人に呼びかけ、農業を地域に生かそうとしたあの時の熱い思いまで、否定するつもりはもちろんない。

## 生産組合からの離脱と逆風

栽培面積も広がり、販売実績も着実に伸びていくなか、龍の瞳の会社形態を有限会社から株式会社に切り替えた。二〇一二（平成二十四）年八月のことである。プライベートな事情も絡んで、この時の私は代表の地位から一時的に離れていた。中国人である二人目の妻が社長になっていたのだ。

株式会社として再出発した「龍の瞳」が新たに打ち出したのは、玄米品質の向上と生産者の卸販売の禁止だった。

新しい方針の考え方自体は、龍の瞳の米の品質を安定させ、より確かなものを販売していくうえで、必ずしも間違っていたわけではない、と今でも私は考えている。けれども、すでに地元で販売実績も上げてきていた和仁さんの「まんま農場」や曽我さんの「源丸屋ファーム」の立場から見れば、直接販売を禁じられるその改革はあまりにも唐突だったし、一方的なものにしか映らなかったようだ。

当然、和仁さんや曽我さんらは抗議の声をあげた。

「私が全部経営します。一手に握ってやりますから、あなた方は米を出してください」

それが当時の社長の言い分だった。私は研究業務を担当し、自宅の一室に「閉じ込められ」てしまった。

和仁さんらの気持ちは「それならば、独立してやっていきたい」という方向へ一気に傾いていった。猶予を許さない龍の瞳の社長の姿勢が反発に拍車をかけた。

グループから離れれば、もちろん「龍の瞳」の商標は今後は使えなくなる。まんま農場は、そうしたマイナス面は覚悟のうえ、品種名である「いのちの壱」をそのまま商品名にして、これまで通りのやり方で栽培と販売を続けていくことにした。

一方の曽我さんは、私とのそれまでの経緯もあり、しばらくは様子を見る格好でいてくれたが、悩んだ末、独立することを決意。まんま農場と共同出資の会社を設立した。その後に続くごたごたもあり、私自身も、二人が主張した反対の声を丁寧に聞くことが足りなかったと今となっては悔いている。ただその当時は、「これまでのやり方では経営として成り立たない」と言い張る社長の主張に、結果的には私自身も押し切られてしまった。

曽我さんを中心にした八人衆に、まんま農場も加わって走り続けてきた龍の瞳の生産組合が、ここで大きく割れる事態になってしまった。

曽我さんらとの関係性は、残念ながらこの時点で途切れてしまった。その後の曽我さんのことをここで書き添えておきたい。

曽我さんは独立後、「いのちの壱」を彼なりの方法と知見で育てあげ、「銀の朏」という銘柄で販売している。「朏」は「月が出る」と書いて「みかづき」と読む。月齢を一巡した月が、新月を経て再び姿を見せ始めるときの最初の月の姿を表すことになる。「銀の朏」と名づけられたのは、米粒の背の筋（背白（せじろ））が大粒なため他の米よりもくっきりと、まさに輝く三日月のように見えるからだという。

栽培地を限定しており、流通量も限られているため、全国的な知名度では「龍の瞳」のほうがはるかに知られている。けれども、米のコンテストでは何年も連続で「日本一」を獲得するなど、実力も実績も証明済みだ。

地元の下呂市内では、「銀の朏」だけでもてなしている高級旅館もあり、地元では「龍の瞳」に並ぶ二大ブランドとして、その地位が確立されている。

「銀の朏」は二〇二一（令和三）年まで六年連続で「日本一」を獲得している。受賞農家はもちろん同じではない。「銀の朏」を生産している農家グループのうち、いずれかの農家が出品した米が毎年必ず頂点に立ってきたことになる。天候の影響も受けやすい米だけに、コンスタントに日本一を獲り続けること自体、品質の良さとその安定性を物語る。

## 誤認記事の波紋

話を二〇一二（平成二十四）年当時にもどすと、組織の混乱が続くなか、社内にさらなる激震が走った。この年の十一月、地元岐阜県の有力紙に「㈱龍の瞳が全国の龍の瞳の生産組合から全量を買い上げ、各地の生産米とブレンドして販売している」との記事が載ったのである。記事は、ブレンド販売に反発して、一部の生産者が龍の瞳のグループから離脱した、という筋書きで書かれていた。

株式会社龍の瞳の本社側に対して事実確認の取材もなく、いきなりの掲載だった。龍の瞳の栽培地域を全国各地に一気に広げ過ぎて、品質を管理仕切れなかった面は確かにあった。栽培契約に基づき買い上げたものの、本来の品質に比べるととても龍の瞳として売れないものもあった。とはいえ、産地表示は厳密にしていたし、産地の違う米を混ぜて売るようなことは決してしていなかった。

この本をまとめるにあたって、あらためてすでに退職した当時の担当者に事情を聴いたが、異なる産地の米を混ぜるようなことは一切していないとの回答だった。取材した記者の事実誤認は明らかだった。

しかし、ひとたび掲載されてしまった記事の影響は大きく、消費者も含めて外部からさまざまな非難、バッシングを受けた。もしも現在、同じようなことが起きたら、直ちに会社の顧問弁護士が名誉棄損と損害賠償請求の訴訟手続きに入っていたと思うが、当時は社内の体制もバラバラで、会社の危機に対応する余力はなかった。

その頃、組織内に生まれていた軋轢は、私の高校時代の同級生をはじめとして地元で応援してくれていた仲間たちをも遠ざけてしまう結果になった。龍の瞳の発見当初、同級生の多くも、「地元で生まれた新しい米」ということで、応援し力を貸してくれていたのだが、一連の出来事がきっかけで少なくない友人が去っていったことは今でも残念でならない。

なすすべもなく事態は深刻化していき、残ったのは大量の在庫の山だった。年間収穫量の約三割に当たる一一五トンの不良在庫が積みあがっていたのである。ちょうどその年に入社した、のちの精米工場長は在庫の山に驚いて、そばにいた先輩社員に率直に尋ねてみたらしい。

「この大量の在庫は売れるんですか？」

「売れるわけないやないか」

先輩社員も率直といえば率直だった。だがあまりにも素っ気ない。今でも工場長は、その時の短い会話のやり取りから受けた衝撃を、語り草のように話してくれる。

## 大量在庫と格闘する日々

当時、五〇坪（約一五〇平方メートル）の倉庫を借りていたのだが、大量在庫のために新米を入れるスペースすらなくなっていた。やむを得ず、まずは一〇トン程度を家畜の餌として一キロ十円で販売することにした。そこまで追い込まれていたのである。その後、三〇トンを焼酎用として販売し、販売先の冷蔵倉庫に保管してもらうことになったのだが、今度は別な事情で焼酎が売れなくなり、結局は塩漬けに。

ともかく在庫をさばいていくしかない。どこにどれだけ販売していくかという計画をエクセル上で立て、新規の営業先を見つけては電話をかけた。断られたらマーカーで塗って記録する、という地道な作業を続けた。もちろん龍の瞳とは名乗らずに、調理場用、お弁当用の米として、ホテルや病院にも手当たり次第に電話をかけた。

「何度も電話してくれて……可哀そうに」

同情から話を聞いてくれる焼肉店の経営者もいたが、結局はお茶を濁されただけで買ってもらえなかった。一〇トン分の有機ジャス米が、計画的な詐欺にあって、代金が未回収になる経験もした。

もともと楽天家だったから、

〈ひとは裸で生まれて、裸で死んでいく。あの世にお金は持っては行けない〉

などと考えていた。上代(売値)で一億円近い損失を取り返すため、あまり深く考えずに、ひたすら売り切ることだけに専念した。仮にお金に執着する人間であったならば、ひょっとしたら自殺していたのかもしれない。苦労して作っていただいた生産者の米を完売できないことなど、絶対にあってはならないと思っていた。

毎日毎日、朝から晩まで飽きることなく電話をした。時には相手先まで出かけていった。

徐々に在庫は減り、これなら売り切れるのではないかと思えるようになった。

焼酎用に売った三〇トン分の在庫まで、保管先の冷蔵倉庫から引き上げなければならないところまで在庫は減少。全部の在庫をさばくまでに四年を要した。

「安いのに美味しいから」と買ってくれていた弁当屋さんからは「何とか引き続き、入手できないのか」と言われる始末に。

こうして大量の在庫はさばけたとはいえ、ひとたび離れたお客様にすぐに戻ってはもらえず、かといって生産者との契約を打ち切るわけにもいかず、その後もけっこうな分量の不良在庫を毎年のように積み増しで抱え続けた。


ともあれ、大量の在庫を売り切ったという体験は、ある意味では自信になった。もちろん、その時の深刻な体験があればこそ、いまでは知らず知らずのうちに在庫量を気にかけるようになっている。誰もが知る諺をひねっていえば「喉元過ぎても熱さ忘れず」というところである。

ピンチはチャンスである。ピンチで落ち込むのではなく、与えられた試練として「しめた」ととらえ、感謝する気持ちで乗り切ろうとするならば、前向きな力が与えられて良い方向に進むものである。

## ブランドを守るために

テレビの取材は、その後も何十回となくあり、放送されてきた。

近年、反響が大きかったのは日本テレビ系の「ザ！鉄腕！ＤＡＳＨ‼」である。二〇一八（平成三十）年十二月と二〇一九（令和元）年十一月に放送された。

これまでに会社としての龍の瞳を訪れた芸能人は、君島十和子、菅原文太、チャンカワイ、鈴木ちなみ、メルル、ウド鈴木、中田英寿の各氏である。

「テレビ局には売り込みをかけるのですか」とよく聞かれるが、「それは一切していません」と答えてきた。事実そうなのだ。

ただし「鉄腕ＤＡＳＨ」などは、番組制作の担当者からいまでも時折稲作についての質問を受けていて、そのたびに誠実に答えてきたつもりである。


「龍の瞳」が良質な米のブランドの一つとして世に認められるようになって感じたのは、やはり、ブランドであることは大きな強み、武器になるということだった。同時に、ブランドであるがゆえに足元をすくわれかねない危険もつきまとう。会社の混乱と、いくつかの出来事を経て、私が再認識した最も大事なこと、それは「いのちの壱」が持つ品種本来の強み、その特性をきちんと把握して守り伸ばしていくこと、それがブランドを守る最大の力になるということだった。

その柱として考えているのが、民間育種研究所に委託している原種管理である。「いのちの壱」の原原種および原種の管理は現在、埼玉県久喜市郊外にある株式会社中島稲育種研究所に業務委託している。正直なところ、以前は原種管理にそれほど注意が向いていたわけではない。必要性は感じていたものの、自前の方法でも十分にやっていけるように思っていた。

二〇一三（平成二十五）年に会社に保存してあった二〇〇四年と二〇〇五年の原原種の種籾を発芽させ再生させてから、その管理をどのようにしていくか、より真剣に模索するようになった。ちょうどその前年の十一月、龍の瞳の生産組合組織を離脱する動きがあったことも私の背中を押した。組織の混乱のなかで「いのちの壱」の原種を守る必要性を強く感じていたのである。

実は、いのちの壱の原原種管理は中島稲育種研究所側からの依頼で始まった。無償で種を提供したのは組織「分裂」の翌年の二〇一四（平成二十六）年である。試験的な原種管理を通してその意義を認識し直したうえで、契約を結んで業務委託したのは二〇一八（平成三十）年のことだった。

## 民間の育種研究

同研究所は民間による育種研究の先駆的存在である。育種は長らく公的な機関だけが担っていた。一九八二（昭和五十七）年に三菱化学と三菱商事が共同出資して前身の「植物工学研究所」を設立、民間研究を始めた。当時、いくつかの会社が育種事業に参入したものの、種子市場の狭さもあり、現在ではほとんどが撤退。中島稲育種研究所は事業を継続してきた数少ない民間組織の一つである。

ちなみに、植物工学研究所は二〇〇三（平成十五）年、滋賀県にあった肥料会社「中島美雄商店」に事業を譲渡。二〇二〇（令和二）年からは米穀卸最大手の株式会社神明が事業を引き継いでいる。

中島稲育種研究所では品種開発も手掛けてきた。一九九五（平成七）年、人工的に突然変異を引き起こす「プロトプラスト」という手法で、コシヒカリから「夢ごこち」を完成させて商品化。現

千葉農場長（右）と筆者　後ろは「いのちの壱原原種」

在でも人気の商品で、種籾は一キロ四千円で販売され、同社の主力商品になっている。夢ごこちをベースに後継品種も継続的に開発、商品化され、育成者権（種苗権）を取得した品種は通算で十九件にも及んでいる。

同研究所では、こうして自社開発した品種の原原種、原種の管理を続けてきたが、自社開発以外の品種を管理するのは龍の瞳が初めてだったという。

同研究所の千葉岳志農場長に出会った頃、私は次のように聞いた。

「原種をそのままの状態で保存するのと、毎年栽培するのとではどちらが良いのですか」

実は意外にも後者が重要なのだという。原種に近い状態で保存することにも、それなりの価値はあるのだが、保存とは中庸な特性を継続することにほかならない。稲は様々な環境に対応すべく幅を持って種を永らえさせようとする。したがって穂が出る時期を早めたり、逆に遅くしたりして、多様性のなかで自然の変化に対応してきた。

いのちの壱の原原種は室温五度前後、湿度三五パーセントの空調室内に保管。同時に、社屋のすぐ前の三〇〇平方メートルの田んぼで栽培され継続管理されている。

中島稲育種研究所は社屋から少し離れた場所に五〇アールの圃場（ほば）を持っていて、いくつもの重要な品種の管理栽培を行っている。

幾筋もの畝には識別の札が立つ。書かれているのは品種名と「F」で始まる数字である。数字は原種から数えて何世代目かを示している。第一世代なら「F1」、第二世代なら「F2」ということになる。

品種の異なる畝と畝の間に特段の仕切りがあるわけではない。「交雑」が心配になるところだが、稲の特徴として自然交雑の可能性は極めて低いという。

稲にも小さな白い花が咲き、「稲の花」は秋の季語にもなっている。咲いているのはほんの短い時間にすぎず、しかも花粉はものの一、二分も経てば死んでしまうとのこと。万が一、交雑した場合も、次に紹介するような品種特性を守る仕組みがあれば、交雑した稲は生長過程で確実に排除されていく。

育種の現場　中島稲育種研究所提供

## 品種特性と世代交代

圃場の稲の育ち具合は日々（場合によっては時間ごとに）観察されている。穂の大きさや出穂期などが平均から外れていれば、即座にその株は取り除かれる。結果として、品種特性をしっかりと保っている株だけが残されていく。世代交代のなかで品種特性をいわばより純化させていくのである。

たとえば、ここに「いのちの壱」の系統から選抜した原原種の種籾がある。さらに、そこから代替わりさせた原種の種籾があるとする。では、どちらがより「いのちの壱」らしく育つと思われるだろうか。結論からいえば、適切な管理が行われている限り、それは原原種ではなく、むしろ代替わりした原種のほうになるのである。

なぜなら、世代交代の一番の目的が、その品種が本来持つ特性――生育時間、米粒の大小、稲の茎の長短など――を最大限引き出すことにあるからだ。従って、原原種の育ち具合を見て、ほかの稲より早く育った稲、逆に遅く育った稲は排除される。同じように、粒の大きさも茎の長短も、中心からはずれたものを除外していく。こうして残った、特性のよりピュアな稲が原種として生産、保管される。この原種から栽培用の種子が作られ、栽培農家の手に渡っていく。このプロセスを、同社ではピンセットによる播種や、混入を防ぐために機械を使わないことなども含めて、厳密な管理体制のもとで励行して

郵　便　は　が　き

料金受取人払

名古屋東局
承認

224

差出有効期間
2024年
6月30日まで

＊有効期間を過ぎた場合は、お手数ですが切手をお貼りいただきますようお願いいたします。

461－8790

542

名古屋市東区泉一丁目 15-23-1103
ゆいぽおと

奇跡の米「龍の瞳」
安全で美味しい米を未来へ　係行

このたびは小社の書籍をご購入いただき、誠にありがとうございます。今後の参考にいたしますので、下記の質問にお答えいただきますようお願いいたします。

●この本を何でお知りになりましたか。

□書店で見て（書店名　　　　）

□ Web サイトで（サイト名　　　　）

□新聞、雑誌で（新聞、雑誌名　　　　）

□その他（　　　　）

●この本をご購入いただいた理由を教えてください。

□著者にひかれて　□テーマにひかれて

□タイトルにひかれて　□デザインにひかれて

□その他（　　　　）

●この本の価格はいかがですか。

□高い　□適当　□安い

## 奇跡の米「龍の瞳」
安全で美味しい米を未来へ

◇◇◇◇◇◇◇◇◇◇◇◇◇◇◇◇◇◇◇◇◇◇◇◇◇◇◇◇◇◇◇◇◇◇◇◇◇◇◇◇◇◇◇◇◇◇◇◇◇◇

●この本のご感想、作家へのメッセージなどをお書きください。

◇◇◇◇◇◇◇◇◇◇◇◇◇◇◇◇◇◇◇◇◇◇◇◇◇◇◇◇◇◇◇◇◇◇◇◇◇◇◇◇◇◇◇◇◇◇◇◇◇◇

お名前　　　　　　　　性別　□男　□女　　年齢　　歳

ご住所　〒

TEL　　　　　　　　e-mail

ご職業

このはがきのコメントを出版目録やホームページなどに使用しても　可・　不可

ありがとうございました

いるからこそ、品種固有の遺伝的特性を持つ良質な種籾ができるのである。

このような極めて地道で手間のかかる原種管理は、なぜ必要なのだろうか。それはどんなに管理して栽培された原種であっても、生育過程では、必ず「ばらつき」が出てしまうからである。そのばらつきは、自家採取を繰り返せば世代交代するたびに広がっていく。

千葉農場長は、生育上必ず現れる「ばらつき」の意味について、見学者にこう説明する。

「植物である稲が、生き残っていくために、ばらける必要があるのです。要するに植物の生存本能としてばらけるんです」

たとえば出穂期。早いほうが日照りの被害を受けなくて済む場合もあれば、逆に遅いほうが生き延びるのに都合が良い場合もある。茎の長さもそうだ。長ければ日照を受けやすいが、短いほうが風には強い。そんなふうに、生き残るために植物はいろいろな工夫をしている。いわば生存本能として、ばらけながら多様性を求めて育っていくのである。

まさに生命が必要とする多様性の本質がそこにある。

圃場にたくさんの品種があり、かつ世代の違う稲が並ぶように植えてあるのは、除外すべき稲を見極めるためだ。比較するための指標は多いほうがいいのだという。

「同じ原種でもばらつきは避けられず、いのちの壱の種籾から育てました、というだけでは、どんなに適切に管理しようと、必ずしも龍の瞳にはならないんです」

そして言葉を継いだ。

「もちろん、その品種にふさわしい栽培の仕方が重要なのはいうまでもありません。龍の瞳の遺伝子レベルの特性を生かすために必要な栽培基準を、今井さんは作りあげてきたはずですよね。大粒で美味しいという特性は偶然が重なってできたものです。ただし、それをこれだけ価値のある品種にしたのは今井さんの功績ですよ。龍の瞳は実にうまく育てられてきたと私は心から感心しています。商品化にこぎつける難しさは、私どもがいちばんよくわかっていますから」

私への激励と叱咤の言葉として受け止めている。

## ゲノム解析と「いのちの壱」

「今井さん、米を大きくする遺伝子がついに見つかりましたよ」

いのちの壱の一番の形質的特徴である大粒性（大粒であること）を決定づけるＤＮＡがゲノム解析で突き止められたと言うのである。電話をかけてきたのは静岡大学グリーン科学技術研究所の富田因則教授だった。あわせて、染色体レベルの研究で、いのちの壱とコシヒカリ系の品種とはまったく別の種であること、もしかしたら、中国原産の稲の原種にルーツがあるかもしれないということも示唆された。

グリーン科学技術研究所は、気候変動や地球環境の破壊、経済のグローバル化などを背景に、食料や環境、資源エネルギーの分野でイノベーションを創り出そうと二〇一三（平成二十五）年に静岡大学に新設された。富田先生は発足当初からの研究スタッフである。

富田先生と初めて出会ったのは、十数年前の米・食味分析鑑定コンクールの会場だった。先生はコンクールの顧問の立場で審査員も務めていた。当時は鳥取大学に在籍され、「ヒカリ新世紀」という新しい品種の育種に取り組まれていた。コシヒカリと十石という在来品種を掛け合わせたうえで、そこにコシヒカリを何度も掛け合わせていく「戻し交配（バッククロス）」の手法で育成したと伺った。背を低くして風に倒れにくくしながら、コシヒカリの美味しさも出そうという研究開発プロジェクトだった。

懇親会の席で名刺交換をさせていただいたと記憶しているが、いわゆる学者然としたところはなく、互いに育種を経験してきたという共通項があったせいか、会った瞬間から私は親しみを感じていた。その後、先生から求められ、いのちの壱の種籾を送らせていただいた。静岡大学に移られる前後の時期ではなかったかと思う。

富田先生は、龍の瞳の大粒性と味への評判に注目してくださっていた。日本で多く栽培されているコシヒカリ系の品種は米国などでも栽培されている。現状のままでは、やがてより安価なコシヒカリ系品種が逆輸入され、日本産の米の流通に影響を及ぼすことにもなりかねない。そこで、富田先生の研究チームは、ゲノム解析という最先端の科学技術を使って「スーパーコシヒカリ」と呼ぶべき新品種の開発を目標に掲げたのである。

気候変動で引き起こされる台風の大型化やゲリラ豪雨、高温化などに耐えられる米の育種が課題だった。そのために、背丈を短くしたり、収穫期を早めたり、遅らせたりする品種改良とあわせて、収穫量を増やしたり、米を大粒にしていくことが具体的な目標になった。いのちの壱は、このなかの大粒化の課題を解決するために採り入れられた。

富田先生は、コシヒカリと、いのちの壱の原種を掛け合わせる六年越しの研究の成果を論文にまとめ、二〇一九（令和元）年秋に発表した。

その研究と成果のあらましは次のようになる――。

いのちの壱が持つはずの大粒性の遺伝子を特定するために、まずはコシヒカリといのちの壱を掛け合わせる。そこから生まれた次世代の大粒種に対してさらにコシヒカリだけを掛け合わせていくという「戻し交配（バッククロス）」を何回か繰り返す。その結果としてできた大粒コシヒカリについて「次世代シーケンサー」と呼ばれる、膨大な量のゲノムを一気に解析できる装置を使って全ゲノムを解析し、さらに、大粒性と一緒に遺伝するＤＮＡ

の塩基配列の指標マーカーの分析とあわせて、大粒性の決定要因となる遺伝情報がイネの第二染色体にあることを明らかにするとともに、この染色体のなかのたった一つの塩基が欠損していることを突き止めた。

第二染色体に塩基欠損があるという塩基配列は、この研究より以前に中国の稲の原種のゲノム解析でも確認されており、大粒性を特徴づける染色体の特性を明らかにするとともに、いのちの壱のルーツに関する新たな可能性も示す結果になった。

研究論文に記されている詳細な実験データの数値は省略するが、大粒性を担保する染色体が明らかにされたことにより、いわゆる「ゲノム育種」において、大粒で美味しい米を新たに生み出していくための貴重な知見がもたらされた。ただし、「美味しさ」については主観的な判断であるうえ、形質を決める遺伝子よりもさらに複雑な要因が絡んでくるため、現時点で決定要因となる染色体を特定し絞り込むことはできないという。

富田先生の研究室で、こうした研究成果を生み出せたのは、「次世代シーケンサー」を使いこなせるようになったことが大きい。次世代シーケンサーを使うには、コンピュータのハード面の進展のみならず、解析に必要な様々なノウハウを蓄積する必要があった。

ゲノム解析の歴史をたどると、国際的共同研究によって米国オバマ政権時代の二〇〇三（平成十五）年に完了したヒトゲノムプロジェクトにより、ヒトの全遺伝子の塩基配列の九九パーセントが決定された。ちなみに、生物の最小単位である細胞の数は成人のヒトの場合、六十兆個あると推定される。その一つひとつの細胞の中に二万二千の遺伝子があり、三十一億個の塩基対が存在している。次世代シーケンサーは、ゲノム解析を高速化する技術として登場したものである。

遺伝子レベルの知見を応用するゲノム編集やゲノム育種は、私の会社の将来計画のなかでは考えてはいない。しかし、こうした最先端の研究分野で、いのちの壱が役立っていることについては誇りを感じる。

富田先生がインタビューで語ってくださった次の言葉は、いのちの壱の奇跡性を科学の裏付けをもって示唆するとともに、いのちの壱のブランド力と種籾をどのように扱っていくか、会社としての今後のありようへの一つの指針も示してくれたものでもあると受け止めている。ゲノム解析という最先端科学の研究者の言葉として書き留めておきたい。

「大粒と小粒を比べて、野生として、自然の稲としてどちらが生き残りに有利か不利かはわからない。大粒性を持つイネのほうが自然淘汰されてきた可能性もある。いずれにしても、変異、言い換えれば変わり物があってこそ新しい遺伝子は見つかる。そういう意味では、変異を見逃すことなく収穫する人がいて初めて分析を可能にする。その結果として新たなゲノム育種が可能になる。進歩のために変異の発見には大きな意義がある。さらに、その研究成果が広く公開されることによって、普遍的な利用が可能になるのである」

先の研究論文は米の大粒性の遺伝子特定をテーマにしたものだった。研究目的とは別の副次的な成果として明らかになったのは、「いのちの壱」という品種が、日本で広く栽培されているコシヒカリ系とは異なるルーツから生まれた、まったく別の系統品種であるということだった。加えて中国国内の稲の原種が持つ、塩基配列と共通の特徴があることもわかった。言い換えれば、中国のその米と「いのちの壱」が、場合によっては共通の祖先を持っていた可能性もある、というのである。

こうしたことから、いのちの壱のルーツを巡りさまざまな推論を立てていくことはできるのだが、最先端の科学研究の結果から現時点で言えるのはここまでである。

以前、岐阜県の職員から、いのちの壱は「ハツシモ」の遺伝子に似ていると聞いたことがある。ハツシモは岐阜県南部では作付けが多い品種であるが、当地区での作付けは皆無である。大がかりな解析をどんなに進めていったとしても、ルーツの特定に至るかどうかはかなり微妙であるというのが実情だ。

私としては、龍の瞳の独自性や大粒であることの特性がＤＮＡレベルで解明されたことに、正直なところ、とても勇気づけられている。いうなれば、龍の瞳のブランド力の核心部分が、ゲノム研究という先端科学の世界においても証明されたものと受け止めている。

# 第四章　そもそも米とは何か

農林水産省に勤めていたときに、稲のことはずいぶんと調べたものである。退職後は、稲作や農法に詳しい実践家の方々の話も聞き、本やネット情報も「乱読」してきた。本章と次章では、そのようにして積み上げてきた知識や情報を私なりに組み立て直し、現在はどのような理解に立っているかを書かせていただく。本来ならオリジナルな出典を明記すべき情報もあるかもしれないが、私のなかですでに加工、咀嚼（そしゃく）してしまい、出所を区別しきれなくなっているというのが正直なところである。この本の趣旨に照らしてご容赦をお願いするとともに、それも含めて私の現在の到達点としてご理解いただきたい。

## 人類にとって一番の食べ物

そもそも稲は五億年前、地球上にゴンドワナ大陸しかなかった時代に、すでに祖先になる植物が育っていた、という記述を読んだことがある。一つの説としては面白い。

稲作の起源は、中国南部の雲南からラオス、タイ、ビルマ周辺に広がる山岳地帯にあったという説がかつては有力であった。しかし現在では、一万年前の中国長江流域の湖南省周辺地域という見方も唱えられている。農水省のサイトでもそのようになっている。

人類にとっての稲の価値という意味で特筆すべきは、第一に育てやすさであり、次いで収穫量と保存性、さらにはカロリーや栄養価の高さ、そして肥料効率の良さであろう。さらに、炊くだけという調理の利便性も加わるだろう。

畑栽培の作物に比べて、水稲は除草の手間が格段に少なくて済む。水辺や浅い水の中では、突然水位が上昇して植物の呼吸を阻害することがあるので、植物が生息する環境としては不利である。一方の、陸地はそのような危険性は少なく、降雨もあって植物には好条件である。したがって、雑草も陸地のほうが育ちやすく、その種類もはるかに多い。稲作なら水田の水嵩を増やしてやることで草を抑えることができるが、畑作ではそれができない。除草剤がなかった時代は、栽培管理においては除草作業が極めて大きなウエートを占めていたのである。

次に収穫量から考えてみる。一キログラムの種から、どれぐらいの米が収穫できるのだろうか。小麦や大豆などと比較するため、農水省が公表している一〇アール当たりの各作物の収穫量の数字をもとに、私なりに試算してみたところ、次のページの表のような「増殖倍率」になった。

米は百七十三倍にもなるのに対して、小麦は四十五倍、大豆は五十倍とかなりの差があった。もちろんこれは、現在の日本における米とほかの作物のいわば「生産性」の違いである。とはいえ、このような統計データがなくとも、長い人間の歴史のなかで、経験的な知恵として、先人が米の優位性を認識していた可能性を誰が否定できるだろうか。

米の優位性の比較

| 項目 | 米 | 小麦 | 大豆 | 馬鈴薯 |
| --- | --- | --- | --- | --- |
| 種１kgの増殖倍率 | 173 | 45 | 50 | 14 |
| 10ａ当たり収穫量 | 535 kg | 399 kg | 166 kg | 3140 kg |
| 保存性 | ◎ | ◎ | ◎ | △ |
| 加工・調理 | ◎ | ○ | ○ | △ |
| 栄養と熱量 | ◎ | ○ | ○ | △ |
| 肥料効率　収量/窒素１kg | 59 kg | 45 kg | 56 kg | ? |

10ａ当たり収穫量（2019年農水省）　馬鈴薯のみ2015年

この表では、稲の価値の優位性について収穫量以外の評価項目も私なりに比較判断をして、◎、○、△の三段階で評価してみた。あくまでも私の主観的評価によるものである。

少し補足すると、保存性に関しては、籾の状態であれば、米は味の劣化も少なく長期保存ができる。加工・調理面でも、小麦のように粉にする必要はない。栄養と熱量については後述するが、とても優れているということを指摘しておきたい。

肥料効率は、投入窒素一キログラムでどれぐらいの作物が収穫できるかを比較した。算出の根拠に使ったのは、私の知る範囲での想定値ではあるが、大きく外れてはいないはずだ。

結論として他の作物よりも上回った。これは、水田が水を湛える機能があることから地中の養分の流出が少ないこと、用水そのものに栄養素が入っていること、光合成が盛んな盛夏に養分を蓄える生育ステージなどがその理由である。

## 土と植物の根、腸と繊毛の不思議

稲は植物であり、根から養分を吸う。動物は動くことにより、食料を探して食べる。しかし、植物も動物も祖先は同じなので、遺伝子ではかなりの部分が共通しているという。稲を考えるうえでは、このあたりのことも考察したいものである。

野生の植物のなかから人類が食用として選抜し、品種改良を重ねてきたものが、現在の穀物、野菜、果樹などであり、時代、地域、習慣により変化してきている。稲ももちろんこのなかの一つである。

このことをみても、人間は「自然」というものに生かされているという事実にあらためて思い至る。現代版錬金術ともいえるマネーゲームのような経済社会のなかでは、ややもすると、生きていくために必要な衣食住、とりわけ食べ物のことすら忘れてしまいそうになる。お金で食べ物は買えるとしても、食べ物自体がなくなってしまえば、いくらお金があっても手に入れることはできない。

ところで地球の歴史については研究者によりかなり詳しく解明されてきた。海に落ちた雷、あるいは潮の満ち引きでできる泡によって生物の起源となる膜が発生し、生物として進化してきた。植物も動物もおおもとの祖先は一緒なのである。植物に向かって「バカ」などと罵ると、その植物が枯れだしたというような話は、大いにあり得ることと考えている。

植物の成長の源になっているのは、日光、二酸化炭素、根から吸収した水溶液である。これらをもとに、光合成あるいは炭酸同化作用といわれる働きにより、無機から有機化合物を作り出す。動物は、回りまわって植物をその生きていく連鎖のおおもとにしている。つまり、光と二酸化炭素、そして水がすべての始まりなのである。稲も当然のことながら、日光が射さないと光合成は行えない。

気象庁のホームページによると、温室効果ガス世界資料センター（WDCGG）の解析による二〇一九年の二酸化炭素の世界平均濃度は四一〇・五PPMで、前年より二・六PPM増えている。一七五〇年の産業革命以前の平均値とされる二七八PPMと比べると一・五倍も多くなっている計算だ。

四十六億年という地球の歴史を尺度とすれば三百年にもならない極めてわずかな時間のなかで、これほど急激に増加したことは実に驚くべきことである。しかも、それは人為の結果なのである。

余談になるが、石炭のもとになる巨木が、倒伏した後にどうして腐食しなかったのか、私には長らく謎であった。石炭紀といわれる三億五九二〇万年前から二億九九〇〇万年前の約六〇〇〇万年の間は、木材の主成分であるリグニンを分解できる菌類が誕生していなかったことが、その理由であると知り、疑問が氷解した経験がある。

土の中で、植物の根の表面や内部に付着しながら共生関係を作って生きている菌がある。「菌根菌」といって、リン酸や窒素を土中から吸収し、宿主である植物に供給する役目を果たす。これに対して宿主の側は、光合成で得た炭素化合物を根を通して菌根菌に提供する。こうして菌自体も成長するという仕組みである。

マツタケとアカマツは菌根菌を介して共生関係にあるし、大豆の根粒菌も関係がさらに強化されたものではあるが、基本の仕組みは同じである。そういえば、街路樹が、肥料を施さなくても旺盛に生育しているのは、この仕組みがあるからに違いない。

ちなみに、一グラムの土の中に、極端に多い場合は数億から数十億の微生物がいるとのこと。また、人の腸内には内容物一グラムに百億から千億個の微生物が存在しているとされる。

基本的に微生物は、土中の有機物を食べて分解することで命を永らえている。動物の場合、腸内にいる微生物群は植物繊維という有機物を食べて生きている。植物の根と腸内の絨毛、それらの周りで働いている微生物が同じような働きをしているという点で、注目したいのである。

微生物の働きは多岐にわたる。病原体の侵入を防ぎ、排除する。ビタミン$B_1$、$B_6$、$B_{12}$、ビタミンK、葉酸、パントテン酸などを生成する。ドーパミンやセロトニンを合成する。さらに腸内細菌と腸粘膜細胞によって免疫力の七〇パーセントを作り出しているとのことである。世の中に有機物を分解する微生物がいなかったと仮定すると、植物連鎖そのものが断ち切られるに違いない。

## 米作りの歴史

日本列島では縄文時代の後期に、大陸から伝わって稲作が始まったとされる。それまでの狩猟、漁労の時代とは違って、米は安定的に収穫ができて保存もできる。そのうえ味も良く栄養もあり、腹も満たされる。弥生時代には広く栽培されるようになる。やがて村には余剰の米を蓄えるため、湿気の影響やネズミの侵入を防ぐ高床式倉庫も作られた。

稲作が始まったかなり早い段階から、いろいろな種類の稲が交ざって栽培されることで自然交配が進み、そのなかからより良い稲が選抜されていたと見られている。縄文人、そして弥生人の目は、育ってくる稲の変化を見逃さなかったのだろう。

その後も突然変異の珍しい稲などが見いだされていき、収量が多くて病害虫に強い品種

# ゆいぽおと通信

◆新しく誕生した本◆

## 奇跡の米「龍の瞳」

安全で美味しい米を未来へ

今井 隆



仕様：四六判 並製 本文184ページ
定価：本体1500円＋税

ISBN978-4-87758-558-7

**最後の晩餐に食べたい米を発見！**

日本でいちばん美味しいお米としてブランド化に成功した「龍の瞳」。

二株のイネとの偶然の出会いから紆余曲折のネーミング、試行錯誤の栽培、コンクールへの挑戦など、ブランド化までのいきさつに加えて、未来に向けての新しい農法の確立や地域の活性化の現状を六年の歳月をかけてまとめたルポルタージュ。

◆　２０２２年新刊　◆

## 名古屋の言い分

仕様：Ａ５判　並製　本文１６０ページ
定価：本体１４００円＋税

ISBN978-4-87758-551-8

## 講談ぐるぐるりんりん

仕様：四六判　並製　本文１５２ページ
定価：本体１２００円＋税

ISBN978-4-87758-552-5

**日本は名古屋からできていた！**
**人も街も文化も体制も！**

長屋良行

江戸大名の約七割は尾張と三河の出身。真面目、謙虚、我慢強い、礼儀正しくマナーを守るという日本人特有の性格は、儒教を導入した家康の意識改革によるもの。都道府県別製造品出荷額は愛知が四十三年連続日本一。

産業、歴史、文化、観光など多角的な視点で名古屋を分析する新しい名古屋本。

**毎日新聞好評連載の単行本化！**

旭堂鱗林（きょくどうりんりん）　登龍亭獅篭（とうりゅうていしかご）画

織田信広と竹千代（後の家康）の人質交換が行われた笠寺、桶狭間の合戦に勝って信長が塀を奉納した熱田神宮などの歴史上のスポットから、東山動物園のコアラ、瀬戸市の藤井聡太棋士まで、縦横無尽に語りつくす講談師旭堂鱗林さんの初めての本。

生まれてから、幼稚園教諭、ブライダルコーディネーターを経て話芸にめざめ、旭堂鱗林になるまでの書き下ろしも面白い！

◆　２０２２年新刊　◆

## 終わりゆくテレビ時代に

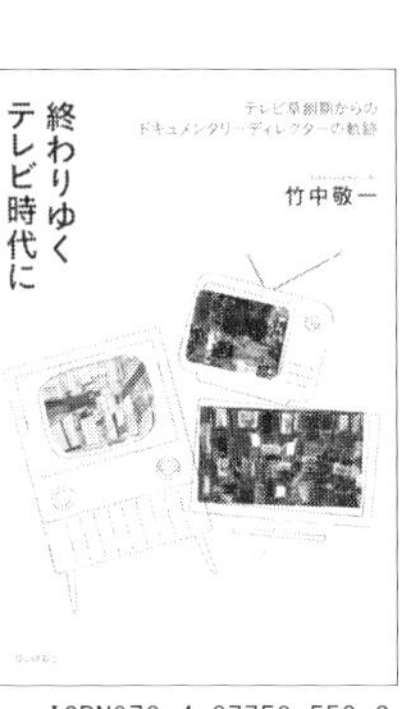


仕様：四六判　並製　本文２２４ページ
定価：本体１６００円＋税

ISBN978-4-87758-553-2

テレビ草創期からの
ドキュメンタリーディレクターの軌跡

竹中敬一

### 時代の出来事を地道に記録してきたテレビディレクターが伝えたいこと

一九五七年、テレビ局に就職した著者の家にはまだテレビがありませんでした。

一九六〇年代は「カメラルポルタージュ」の時代。金曜夜十時三十分からＴＢＳ系で放送された三十分番組です。これが著者の原点。事実を丹念にコツコツと積み重ねていく番組づくりを、その後も一貫して守り続けた著者の「テレビ時代」の記録。

## 幸せになるためのテーブルコミュニケーション

仕様：四六判　並製　本文３０４ページ
定価：本体１５００円＋税

ISBN978-4-87758-554-9

ライフスタイルに取り入れる
１００のこと

片桐（かたぎり）　操（みさお）

### みんなが幸せになるために、心がけたい１００のこと

フリーアナウンサーとして、テーブルコーディネーターとして活躍中の著者が、食事とコミュニケーションの大切な関係をテーブルコミュニケーションとして構築。

１００の項目には、すぐにでも生活に取り入れられそうなことがいくつもあります。ほっと息を抜くお茶の時間を取り入れれば、仕事の効率も上がりそうです。

## ◆徳川家康を知る本◆

# 家康の10大危機

長屋良行

ISBN978-4-87758-556-3

仕様：A5判　並製
口絵カラー8ページ＋本文160ページ
定価：本体1400円＋税

**悩み、もがき、半ベソをかきながらも、**
**危機と困難を乗り越える！**

後に260年続く平和な江戸時代を築いた家康。征夷大将軍になってからの堂々とした姿が注目されがちだが、実は若いころに数々の危機と困難を乗り越えていた。
3歳で母と離別し、6歳で尾張織田に売られた幼少時代から、59歳で迎えた関ヶ原の戦いまで。
家康の生涯に起きた10大危機をわかりやすく解説。

ゆいぽおとでは、
ふつうの人が暮らしのなかで、
少し立ち止まって考えてみたくなることを大切にします。
テーマとなるのは、たとえば、いのち、自然、こども、歴史など。
長く読み継いでいってほしいこと、
いま残さなければ時代の谷間に消えていってしまうことを、
本というかたちをとおして読者に伝えていきます。

ゆいぽおと　http://www.yuiport.co.jp/
〒461-0001　名古屋市東区泉一丁目 15-23-1103
TEL052-955-8046　FAX052-955-8047
発売　KTC 中央出版［注文専用フリーダイヤル］
TEL0120-160377　FAX0120-886965

が広まっていったと考えられる。

やがて戦国時代になると、米の収穫量の大小が、富あるいは力の指標になっていく。現在の新潟、富山、石川、福井などの各県、つまり日本海側の平野部が経済力のある地区になっていった。現在のような富の基準とは別次元だったのである。

一八八〇（明治十三）年当時の人口分布をみると、現在の県とは違うものの、一位は石川県、二位が新潟県となっている。東京都はなんと十七位である。北陸地方に人口が多いのはなぜか、穀倉地帯で食糧が豊富だったという背景は容易に想像できる。

### 日本の良食味米のルーツを探る

日本の現在の米は、明治時代に生きた山形県庄内町の篤農家、阿部亀治氏の存在抜きには語れない。一八九三（明治二十六）年に在来品種「惣兵衛早生」のなかから、冷害にも耐えて実っている穂を見いだし、試験的に栽培。そこから、コシヒカリのルーツにもなる「亀の尾」が誕生する。

亀ノ尾は突然変異種だと思われるが、山形県庄内町の「亀ノ尾の里資料館」の資料によると、発見から三年後の一八九六（明治二十九）年に水口に植えられた一株が冷害に強く、それをもとに種籾を増やした、との記述がある。発見時の突然変異種のなかから、さらに冷害に強い種籾が選ばれ、亀ノ尾として固定されたものと考えられる。後に亀ノ尾は原種が特定できなくなったため、それ以降の系統品種は表記の一部を変えて「亀の尾」として品種上の区別をしている。

日本の美味しい米の基となっている品種だが、倒伏しやすく、化学肥料を使うと米がもろくなるなどの理由で、後発の別の品種に良食味米の地位を譲っている。

しかしながら、良食味米の代表格であるコシヒカリは、亀ノ尾がなかったとしたら育種されておらず、亀ノ尾が品種改良に偉大な貢献をした事実は揺るがない。

このほかに、日本の良食味米の基になった品種には、旭、銀坊主、愛国などがあり、明治の後半から大正、昭和にかけて盛んに栽培されていた。

## コシヒカリの登場

コシヒカリが品種登録されたのは一九五六（昭

亀ノ尾の里資料館

和三十一）年のことである。一九八〇（昭和五十四）年には、それまで作付面積が一位だった「日本晴」を抜き、今日まで栽培面積のトップを守り続けている「お化け品種」である。ちなみに二〇二〇（令和二）年の全国の作付けシェアは実に三三・七パーセントである。

数ある品種のなかでコシヒカリが「ブランド」になったのは、人の熱意に加えて運が良かったことも重なっている。そういう意味では、いのちの壱と似ている。かなり前のことだが、『コシヒカリ物語―日本一うまい米の誕生』（酒井義昭　中公新書）を読んだ。長きにわたって愛されてきた品種は、その生い立ちも普通ではないと実感したものだ。

コシヒカリは一九四四（昭和十九）年、新潟県農事試験場（現・新潟県農業総合研究所）で高橋浩之主任技師らが、「農林一号」と「農林二二号」を掛け合わせたことが、その誕生の始まりとなった。農林省直轄の長岡農事改良実験所が選抜した六十五株のうち二十株が、一九四八（昭和二十三）年当時の福井農事改良実験所に引き継がれ、品種改良が続けられた。実験所の技師、石墨慶一郎氏に選抜されたときの仮の品種名を「越南一七号」とした。石墨氏は、倒伏しやすいという難点がある一七号を廃棄しようかといったんは思ったものの、ひょっとして地力が劣る地域でなら栽培可能ではないか、と残すことにしたという。

選抜が完了して固定した越南一七号は、提供元の新潟県に戻され、コシヒカリと命名される。新潟県では、県内でも地力が劣るとされる魚沼地区で試験栽培が始められた。背が高いため懸念された倒伏も、試験栽培においては少なかった。やせた土地のため収穫量は少なかったが、食味は良かった。

東京の高級住宅地で試食販売を行ってみると、その美味しさが受け入れられて一気に広まっていった。コシヒカリの特徴でもある粘りの強さが、当時普及が進んでいた洋食に合う品種として重宝された。いわば時流に乗れたのである。

新たな品種が急速に広まるということは、一方で今まであった品種が行き場を失うということにもなる。「もはや戦後ではない」といわれた一九五五（昭和三十）年当時、所得の向上が図られ、「お腹を膨らます米」から「美味しい米」に世の中の求めるものが変わっていったまさにその時に、コシヒカリはすい星のように現れたのである。

コシヒカリ発祥の地の石碑
笠原勝彦さん提供

西の横綱とまでいわれるようになったコシヒカリに対して、その人気から東の横綱といわれてきたササニシキは、平成の大飢饉と呼ばれた一九九三（平成五）年の大凶作により、ひとめぼれへと栽培品種の転換が進められていく。やがてコシヒカリの「一強」と呼ばれる時代に移行して、今日に至っている。

コシヒカリといえば忘れられない出会いがある。数年前、栽培方法の交流などのために、南魚沼市の篤農家であり、米のコンクールで多数の入賞歴を持つ笠原勝彦さんを訪問したことがあった。そのときに圃場の一角に「コシヒカリ発祥の地」の石碑があるのを見つけた。まったく予想もしていなかったことで、その偶然に心底驚いたものだ。コシヒカリが初めて栽培された地に思いがけず足を踏み入れたことに感無量だった。龍の瞳の原種を発見した田を思う気持ちと重なって、心が熱くなったのを覚えている。

## 玄米食のすすめ

ところで、もともとは玄米で食べていた米を、白米にして食べるようになるのは、江戸時代からだといわれている。江戸幕府の「大奥」で始まったという説もある。

縄文後期から長らく、収穫した籾米を臼に入れて杵でつき、籾殻を取り除くことによって玄米にしていた。実はこの過程で、玄米の表面を覆う果皮と呼ばれるパラフィン層が剥がれて、水が浸透しやすくなっている。現在市販されている玄米とは様子が違って、炊飯時の吸水がスムーズに行われることで、ずいぶんと柔らかく消化も良かったはずだ。図らずも完全栄養食品として機能していたのである。

白米を食べる文化は、精米技術の進化とともに明治時代にはあっという間に日本中に広まった。日清戦争（一八九四～九五年）では、白米を食べることによるビタミンB不足のため、戦闘による戦死者四五三人に対して、脚気による死者が四〇六四人にも達していたという記録がある。医学会新聞のホームページによれば、日露戦争（一九〇四～〇五年）でも同様に、戦死者四万八四〇〇余人に対して、脚気による死者は二万七八〇〇余人にのぼったという。

現在に至って主に白米を食べていても病気にならないのは、副菜などで栄養を補えているからであろう。確かに玄米食は、口の中で「ゴワゴワ」とし、異質な食感がある。美味しさ成分が口内に広がりにくいことから、味覚という点では一般論として白米に劣る。しかし、栄養素の九〇から九五パーセントは米ぬかに含まれている。そういう意味では、白米が主食の中心になってしまったことは、もったいなくもあり、残念でもある。

ところで、私はかねてから栄養という概念に疑問を抱いてきた。野菜だけで一日に必要な栄養素を摂取しようと思えば、どんぶり二、三杯は食べなくてはいけない量になる。現在の栄養学は、腸内で微生物が増殖してそれ自体が栄養になっていることや、ビタミンなどを作り出しているという事実を全く無視しているのではないか。

たとえばコアラはユーカリの葉しか食べないけれども、ユーカリが完全栄養食品だとは到底思えない。パンダも同様に笹の葉を好んで食べるが、栄養はそれほど取れているようにみえない。コアラはともかくパンダがあの大きな体を維持できるのは、腸内細菌という微生物が働いているおかげにほかならない。

牛には胃が四つある。第一の胃から第三の胃までは、胃の中に棲み着いた微生物が食物繊維を分解し、第四の胃で消化液を出すという働きになっている。

蛇足だが、第一の胃から順に第四の胃まで、それぞれミノ、ハチノス、センマイ、ギアラ・アボミと呼ばれている。ちなみにライオンなどの肉食獣は、獲物である草食動物の内臓をまず食べるという。いちばん栄養がある部位を知っているのだろう。

話がそれたが、私には栄養的に優れた玄米食を推進したいという思いがある。そこで玄米の栄養価がどのようになっているのかを見てもらいたい。

次ページの表を見ると、玄米ご飯を一日に四五〇グラム（茶碗一杯のご飯の重さは中盛で一五〇グラムといわれている）食べるだけで、ミネラル、ビタミンの必要量の三八・八パーセントを摂取できることがわかる。ちなみにその量で満たされるカロリーは四九五キロカロリーにもなり、これだけで必要量のめやすとされる二〇〇〇キロカロリーの二四・八パーセントに当たる。

日本食品標準成分表二〇二〇年版によると、大豆には食物繊維が二〇・一パーセントと

玄米ご飯と白米ご飯に占める栄養素（出典・7訂日本食品標準成分表）

35歳女性を想定

| 項目<br>ミネラルなど | 玄米ご飯<br>ｍｇ/450<br>ｇ | 白米ご飯<br>ｍｇ/450<br>ｇ | 玄米ご飯<br>充足率<br>（%） | 白米ご飯<br>充足率<br>（%） | 摂取目安<br>（ｍｇ） |
|---|---|---|---|---|---|
| マンガン | 3.12 | 1.05 | 89.1 | 30.0 | 3.5 |
| マグネシウム | 147 | 21 | 50.7 | 7.2 | 290 |
| リン | 390 | 102 | 48.8 | 12.8 | 800 |
| 亜鉛 | 2.4 | 1.8 | 30.0 | 22.5 | 8 |
| 鉄 | 1.8 | 0.3 | 17.1 | 2.9 | 10.5 |
| カリウム | 285 | 87 | 14.3 | 4.4 | 2000 |
| カルシウム | 21 | 9 | 3.2 | 1.4 | 650 |
| ビタミンＢ１ | 0.48 | 0.06 | 43.6 | 5.5 | 1.1 |
| ビタミンＢ６ | 0.63 | 0.06 | 52.5 | 5.0 | 1.2 |
| 平均充足率（%） | | | 38.8 | 10.2 | |

| | 玄米ご飯<br>ｇ/450ｇ | 白米ご飯<br>ｇ/450ｇ | 玄米ご飯<br>充足率<br>（%） | 白米ご飯<br>充足率<br>（%） | 摂取目安<br>（ｇ・kcal） |
|---|---|---|---|---|---|
| たんぱく質 | 8.4 | 7.5 | 16.8 | 15.0 | 50 |
| カロリー | 495 | 504 | 24.8 | 25.2 | 2000 |
| 食物繊維 | 4.2 | 0.9 | 23.3 | 5.0 | 18 |
| 平均充足率（%） | | | 21.6 | 15.1 | |

カロリーの単位は、kgcalである。

多量に含まれているものの、主食ではないことから実際に食物繊維を取り入れることは難しい。玄米には食物繊維が三パーセントではあるが、主食として取り入れれば、総量的にはかなり摂取できる。食物繊維は、百〜一千兆以上いるとされる腸内微生物の餌となり、腸内を活性化させる。その結果、各種ビタミンや免疫機能物質などが腸内で作られ、体力を維持増強するとともに精神的にも安定する。食事をするときに、まず野菜から食べると血糖値の上昇を抑制できる、あるいは満腹感が早めに得られて肥満の防止につながるなどといわれているが、先に食物繊維が腸内に入ることで微生物がより活性化することも可能性として考えられる。

# 第五章　安全で美味しい米を作る

## 痩せていく土

作物にとって土は極めて重要である。もちろん味にも影響する。地質の良し悪しを表す「地味（ちみ）」という言葉は、土の味が作物に移行するイメージまでも喚起してくれて、言い得て妙だ。

「身土不二（しんどふじ）」は、とくに明治期の日本で提唱された。中国語が語源になっているが、「二」を「不」で否定している。二つではない、つまり一つという意味である。土と体が一つ？と読者は不思議に思われるかもしれないが、現代の知見に照らせば次のようにも解釈できるのではないだろうか。

人間の体は日光により体内で作られるビタミンDや腸内細菌から派生するビタミン類を除いて、基本的には食物からミネラル、ビタミンを摂取している。そのミネラルはどこにあるのかと問われれば、「土中にある」という答えになる。

土の中の各種ミネラルを根が吸い上げて、主に実、種などに集積し、植物で作られた各種ビタミンを、人も含めて動物は食べているのである。

そもそも土とは何か。岩石が風化してできた砂や粘土と、動植物の死骸が微生物によって長い時間をかけて分解された有機物との混合物である。最近の作物は、われわれがまだ子どもだった昭和三十年代に比べて栄養分が低下している。文部科学省が過去八回公表している日本食品標準成分表を見るまでもなく明らかであろう。

　それはなぜなのだろうか。

　第一に土が悪くなっている。土の中にはたくさんの微生物が生息している。その微生物の餌になるのが堆肥などに含まれる有機物である。有機物のなかには二酸化炭素由来の炭素があり、微生物はそれを食べてエネルギー源にしている。人間も炭素の入った炭水化物を食べて消化し、エネルギーの源にしているが、微生物も同じである。

　すでに述べたように、菌根菌という微生物は植物の根から餌をもらっている。逆に菌根菌も根に養分を供給するという両者の共生関係が成立している。

　微生物の豊富な土は、化学肥料中心の土よりも一、二度は地温が高く、そこに育つ作物を冷害から守る力がある。地中が暖かいと、稲の根がその熱を吸収して、その熱は穂にも届くと推定できる。実際に一九九三（平成五）年の東北地方を中心とした大冷害の年にも、有機物が投入されていた田んぼは、冷害の被害が少なかったという確かな報告がある。人にたとえると、寒い冬の寝床でも、足に行火（あんか）を当てるだけで、温められた血流が全身に回って体が暖かくなる様子に似ている。

　最近の田んぼでは、稲わらは投入されても、堆肥などほかの有機物はほとんど入れられず、代わりに化学肥料が使われるので、結果的に微生物が減少してしまう。そこに追い打ちをかけているのが化学農薬である。食べ物のない土中で微生物は青息吐息のうえ、殺菌、殺虫剤のせいで死滅への拍車がかかる。除草剤とて同じことである。

化学肥料が作物の根から吸収されると葉色が濃くなり、病気や害虫の被害を受けやすくなる。そのため農薬がさらに必要になるという悪循環に陥っている。おまけに、根をしっかりと張らなくても養分は吸えるので、作物が「なまくらな体質」になってしまう。地中にあるミネラルの吸収量も少なくなる。その結果、香りも旨味も少なくなることは、容易に推し量っていただけると思う。有機肥料で栽培した作物と比べて日持ちも悪い。

堆肥などの有機肥料の投入は、撒く手間もかかるうえに、肥効が緩慢なため収穫量も減る傾向がある。どうしても有機農産物の価格は高くなりがちではあるが、それだけの価値があることは理解していただけるはずである。

えてして作物の地表に出た部分しか見ておられない農業者もいるが、根がしっかりと張っていなければ立派な農作物は育たない。このことは人間にも共通するのではないか。良い結果が出るのは、努力を積み重ねたことによるものだが、その努力は他人の目には見えにくい。

地中に養分が足りない場合、根はどんどんと、生息範囲としての根域を広げていく。柔らかな土などあるはずもない岩山に育っている松を見たことがある。根酸という物質を根から出して岩を溶かし、ミネラルを吸うのだという。また、肥料が施されていないような小さな庭で、柿の木がたわわに実をつけている風景に出会うことがある。これなども根と菌根菌の共生を示す好事例ではないだろうか。

稲を無農薬、無施肥で栽培している農家を視察させてもらったことがある。田んぼに自生する雑草を浅めにすき込み、それを肥料にするだけで、ほかに施肥はしていないとのことだった。素晴らしい稲が育っているのを目の当たりにして、肥料は何のためにやっているのだろうと考え込んだものだ。

## 堆肥で土作り

再び、土とは何か、である。小石、砂、粘土などに、腐食した有機物が混ざって構成されている。前者はもともと岩石であり、後者は植物と昆虫や動物の死骸が微生物によって分解されたものである。

土の中には一グラムに二百万〜一千万もの微生物が生息しているといわれている。この数を五百万と仮定すると、一キログラムほどの土に五十億もの微生物が生存していることになる。ちなみに現在の世界の人口は八十億である。

もっとも人間の腸内細菌の話となれば別格である。なにせ百兆から千兆も存在するとのことで、こちらの数は驚きをはるかに超え、想像することすら不可能だ。

堆肥は、牛の寝床に使われる畜産用の敷料（しきりょう）と呼ばれるものから作られる。稲わらやおがくず、籾殻などと家畜の糞尿を混ぜて堆積させたもので、二か月ぐらいしか寝かせていない即席のものもあれば、二年ほどかけて熟成させた堆肥もある。年数が長いほうが、微生物による有機物の分解が進んでいることになる。

完成した堆肥を再度、敷料に戻して利用し直したものは「戻し堆肥」と呼ばれている。盛んに利用されており、敷料不足を補っている。

堆肥のなかでは夥しい数の微生物が有機物を食べている。微生物も人間と同様に熱を持ち、活発に動くことによってさらに温度を上げる。このため堆肥の内部は六五℃程度の高温になっている。

ところで、人間が一日に二四〇〇キロカロリーを摂取すると仮定すると、その熱量の約六〇パーセントは基礎代謝つまり体温維持のために使われている。熱量の元は炭水化物であり、たどっていくと空気中の二酸化炭素内の炭素に行き着く。

微生物の餌もまた有機物に含まれる炭素である。人間も含めた動物は、微生物から進化しているので基本的な構造は似通っているのだろう。ちなみに、植物や両生類は四億三五〇〇万年前〜三億五五〇〇万年前に海から陸に上がったといわれている。

植物の根と動物の大腸にある絨毛（じゅうもう）は、とてもよく似た働きをする。植物は根から甘味成分を分泌して、土の中にいる微生物を集め、微生物は根に栄養素を供給するという共生の関係になっている。絨毛と腸内細菌の働きにも同様の関係があると私は考えている。

微生物は有機物を食べなければ生きられない。植物は生育に必要な窒素を、微生物によって無機化されたアンモニア態窒素や硝酸態窒素という形で根から吸収している。有機物の水田への投入は、このように微生物による有機物の分解を促して根から吸収しやすくするためである。微生物の豊富な土は肥えた土。微生物↓昆虫↓カエル↓蛇↓鳥類という食物連鎖を支えているのである。

これに対して現在の農業で使われている化学肥料は、最初から硝酸態窒素の状態であるために、植物の性質上、これを即座に過剰に吸収してしまうことになり、作物内に留まりやすい。これをとくに乳幼児が食べると、腸内の微生物によって亜硝酸態窒素に変化し、発がん性物質の醸成に関与したり、血液中のヘモグロビンに悪影響を及ぼしたりして頭痛や呼吸困難を引き起こす危険性もあるとされている。ただし、有機肥料では作物の硝酸態窒素の吸収が穏やかなので、このような危険性は極めて少なくなる。

現在、田んぼに投入される有機物は、せいぜい稲わらのみというケースがほとんどである。生の稲わらは地中深く入ると分解されずにメタンガスや硫化水素が発生する原因となる。腐植するのに土中の窒素が使われる。水稲の肥料になるまでには長い年月がかかり、効率的とはいえない。

これに対して完熟堆肥は、あらかじめ微生物による分解が進んでいるので、腐植のための窒素も稲わらほどにはたくさんの量を必要とせず、肥効も比較的早く現れる。つまり微生物の豊富な土になりやすい。堆肥には微量要素もバランスよく含まれているので、土に粘りも出て良食味米が採れやすいという利点もある。

堆肥を散布するには、マニアスプレッダーという特殊な機械が必要である。高価なため小規模な農家では導入が難しかった。契約農家に堆肥を楽に散布してもらえるシステムはないものかと模索し、堆肥を供給してくれる畜産農家を探してきた。

想いはつながるものである。生産者の一人が、四百頭もの牛を飼育している飛騨地方の畜産農家を紹介してくれた。堆肥処理は、畜産農家にとっては長年の、しかも焦眉の課題である。件（くだん）の畜産農家でも、遠く富

堆肥散布の機械（マニアスプレッダー）

山県まで運んで農地に散布しなければならないので悩んでいたという。龍の瞳の取り組みへの協力を約束してもらった。

ちなみに、投入する堆肥は、初年度は一〇アール当たり二、三トンを考えていて、翌年からは一トン程度で十分だと予想している。一トンといっても一平方メートル当たり一キログラムであり、実際に撒いてみるとわずかな量だ。逆にいうと、たったそれだけの量で効果が出ることに驚いている。

二〇一九（令和元）年に試験散布を行い、二〇二一（令和三）年から本格的な散布を始めている。堆肥を散布した契約農家からは「効果があったような気がする」との声も寄せられている。ただし、実際には、地力が増して食味に影響を与えるようになるには数年はかかるとみられ、今後の変化を見守っていきたい。

## ネオニコチノイドの禁止とハーブの利用

ネオニコチノイド。この名を聞いたことのある方はどれだけいるだろうか。私にはなじんだ言葉であるが、一般的にはまだ知られていないかもしれない。ましてや、どんなものなのか、正確に答えられる方はとても少ないのではないかと思う。ネオニコチノイドは殺虫剤であり、薬効は非常に強い。しかも殺虫効果が長く続くので、殺虫剤としては最高の商品といってもいいだろう。

物事には必ず表と裏がある。カメムシなどの害虫に効果が高いということは、「ただの虫」や益虫に対しても同様に殺虫効果が高いことになる。とくにミツバチにこの薬剤がかかると、即座に死ぬか、酔っ払ったようになって巣に帰れずにやがて死ぬ、という事態が世界的に確認されて大問題になった。

ネオニコチノイドの製造会社が、この事態に関して非を認めたという話を私は聞いたことがない。多くの国で問題視されており、環境問題に厳しいEUなどではすでに禁止の措置が取られている。残念ながら日本国内では使用が認められ、使い続けられている。

もう十年ほど前になるが、ある生産者から「今井さん、ネオニコチノイドは禁止しないのですか」とたずねられた。「今すぐには無理だと思います」と答えたものの、それ以来ずっと気になっていた。

すでに普及していたし、私は代替農薬の知識にも乏しく、多用にかまけて判断を保留にしたまま歳月を重ねてしまった。知識としては、カメムシ対策としてハーブを植える取り組みがあり、有効であることを知ってはいたが、実際にハーブを植えるのは契約農家に依頼することになるので一歩を踏み出せないでいた。

ネオニコチノイドを使わないと決めてから、ハーブの活用を強く認識するようになり、まずはハーブの苗を十種類ぐらい買ってきて、試験的に植えてみた。寒さに弱い品種もあり、背が高くなるものや低いままのもの、ハーブ特有の香りが強いもの弱いものなど、多様な特性があった。カメムシ対策には一般的にミントが良いとされているが、種類がたくさんあり、龍の瞳の生産者に勧める以上、最も良い品種を選定したいと考えた。

ところでハーブは匂いのする草花の総称であり、ミントはハーブに含まれるシソ科ハッカ属の植物とのことである。

畔にミントを植える取り組みの日本における草分けは、北海道の農業協同組合である。すでに三十年以上の実績がある。美唄(びばい)市の峰延(みねのぶ)農協に電話して担当の方の話を聞いたのは、二〇二〇年(令和二年)の五月のことだ。アップルミントが八割を占めることや殺虫剤や殺菌剤を通常の半分に抑えられていること、他の地域にはなかなか広がらない実情などを教えてもらった。

その内容を「輝け龍の瞳」という生産者向けニュースの紙面に載せて報告した。来社する生産者にミントの苗を渡し、会議などで配布することにも努めた。それから間もなく半信半疑だった生産者から報告や感想が寄せられるようになった。

「社長(私のこと)、もらっていったミントを洗濯竿の下に植えたら、洗濯物に入り込んでいたカメムシが、今年は全然おらんのやけど、ミントは本当にすごいな」

「簡単にミントの数が増えとる。びっくりした」

私が随筆を連載している酒専門の月刊誌「たる」の二〇二一（令和三）年四月号に書いた「畔（あぜ）にハーブを植える」という記事は反響を呼んだ。コピーを配布しても良いかという問い合わせもあった。

## ミントを植える運動へ

ミントの生命力には驚かされる。四月になってから、畦に割りばしで穴を開け、五センチほどに切ったミントの枝を差し込み土で蓋をする。二週間もすれば根が出てくる。苗を買ってくる必要はない。翌年には親株が、地下茎を伸ばしてどんどん増殖する。畔に生える雑草は冬には枯れてしまう。ところがミントは冬でも枯れず、暖地では青葉の状態を保っている。春に芽を出し始める雑草はミントに陽光を遮られて弱っていく。

私は、年に数回行われている畦の草刈りを、一回にできるのではないかと考えている。農家にとって畔の草刈りは大変な重労働である。この重労働からの解放にもつながる。

秋になって稲の花が咲いた後、五日後ぐらいを目途にミントを刈り取る。するとミントの香りが辺りに漂い、これによってカメムシの侵入を完全に防げるようになるはずだ。刈り取られたミントは地下茎からすぐに次の芽を出し、春までには再び繁茂する。

# 第四十三回『龍の瞳』ストーリー

## 畔にハーブを植える

ハーブとは、葉や香料とする草の総称である。大きく分けてシソ科、キク科、イネ科などがあり、用途に応じて食用、薬用、観賞用、防虫用、香料など本当に多様である。本稿では、防虫用として、特にミントを取り上げたい。

水稲は穂が出てから二週間ぐらいの籾に、カメムシにより汁を吸われた跡に黒い斑点模様が残ってしまう食害を受ける。

龍の瞳Ⓡは、通常の被害箇所とは違って、玄米の「腹」の部分に小さい斑点が残るので、色彩選別機で除去するにしても、完全にはできないという問題を抱えている。お客様からの苦情も、かつては多かった。

自宅の庭にあったミントを移植

ミントにカメムシの忌避効果があり、有効性が高いという認識はあったものの、生産者が果たして費用対効果を理解したうえで、行ってもらえるのか自信がなかった。

畔道ハーブ米の先進地である北海道、JA幌延町の担当者に昨年5月に電話し、殺虫剤の散布量が従来の半分になり、景観も良くなったという話を聞いた。1989年に今橋さんという方が、自宅で観賞用に植えていたミントを畔に植えたところ、カメムシの生息域である畔のイネ科雑草が減るとともに、防虫効果が期待できることが分かり95年から本格的に取り組みだしたという。

龍の瞳Ⓡの栽培でも、昨年の栽培から取り組みを始めた。環境への負荷が大きく、世界的に問題になっているネオニコチノイド系農薬を使わないと決めたこともきっかけだ。

ネオニコチノイド系農薬は、殺虫効果が高いうえ、薬効が長く続くことから、現在、日本では殺虫剤の大宗を占めている。生産者からの反発も一部にはあり、弊社では厳しい判断をしたことになる。

余談だが、同農薬はミツバチなどの益虫や「ただの虫」に対しても影響が大きく、最近、田舎では昆虫の数が極端に少なくなってきた原因がそこにあることは、ほぼ間違いない。スズメなどの鳥類も、本当に数が少なくなっている。

ミントは苗を作って畔に植えるのではなく、春先に茎を5㎝くらいに切り、畔に差し込むだけで増殖できる。その方法が分かったことも、取り組みの後押しとなった。また、龍の瞳Ⓡの生産者が、洗濯物干し竿の下にミントを植えたところ、洗濯物へのカメムシの侵入が無くなったという話も参考になった。

一般的に虫よけ効果のあるハーブは、レモンユーカリ、レモングラス、ラベンダー、タイム、カレンソウ、ミントがある。弊社ではミントの移植を取り急ぎ進めていき、その後、カレンソウなど他のハーブとの混植を模索していきたい。

一口にミントと言っても、アップルミント、ペパーミント、ペニーロイヤルミント、日本在来種のハッカなど様々な種類がある。畔道ハーブは、アップルミントが主流ではあるが、他に良さそうな品種がないものか、試験をしているところだ。

ミントは繁殖力が強いものの、田んぼが用水路や畔、道で仕切られているために、他人の土地にはびこっていく心配はないようである。ただし、「ただの虫」やクモなどの益虫が住み着きにくくなる心配があるので、地下茎を部分的に遮断してミントの無いスペースを残すなどの配慮は必要かもしれない。

ミントは、当地では冬に枯れることなく青葉を残している。田んぼの雑草は、冬に一度枯れて春に若葉を伸ばすので、畔にあるミントに陽光を遮断される。生産者をして、草刈りの重労働から解放されるはずである。

弊社では、これらの取り組みを強化する中で、社是である「古の自然を取り戻す」ことを実現したいのである。

Profile
今井 隆
1955年、岐阜県下呂市萩原町に生まれる。農林水産省に勤務。30歳頃から詩、小説、ルポなどを書き始める。短編で岐阜市文芸祭賞受賞。夢は作家になること。2000年に水稲品種「龍の瞳」を発見して育成。「龍の瞳」は数々のコンクールで金賞、「日本一」などになり、最高級米としてブランド化されている。

月刊「たる」（たる出版株式会社）2021年4月号より

気をつけなければならないことがある。「ただの虫」もミントの匂いを嫌がるはずで、それらの虫をどのように保護するかである。ミントを植えない保護区のようなところを作ることなども必要だろう。ただし、ミツバチなどはミントの花に集まってくるので不思議である。

他人の田んぼが隣接する場合は、その人の許可も必要になる。トタンの波板などを地中に埋め込んでミントの不要な拡散を防ぐ手法などは今後の課題であろう。

ミントは栽培年数が経つと香りが弱くなるといわれている。これは確認していないものの、将来は対策を立てる必要があるのかもしれない。加えて連作障害も起こすという。畔にミントを植える運動は、いつか困難な局面に遭遇するかもしれない。しかし、世界では毎年一パーセントずつ昆虫の数が少なくなっているという調査結果が出ており、農薬を使わない対策を生産者が強い気持ちで推し進めなければ、果樹、果菜類、草花など、虫が受粉する植物が

アップルミントに集まるミツバチ

大幅に減少する日がやって来る。

稲の被害を大きくする病気に「いもち病」がある。葉や穂や、時には籾そのものが病気にかかる。いもち菌は、最初は畦のイネ科の雑草に付き、その後、水稲に伝染していく。ミントを畦に繁茂させればイネ科の雑草そのものが死滅する。こうすれば、結果的にいもち病が広がらない仕組みができあがる。この点も視野に入れながら、ミントを畦に植える運動を積極的に進めていきたい。

## ミツバチの大量死

つい最近のことである。岐阜県内の養蜂家が、相談したいことがあるからと訪ねてこられた。電話を受けたとき、養蜂業だから年配の人だろうと勝手に思い込んでいたものの、会ってみると三十歳を過ぎたばかりの青年だった。

聞けば、地元の農業法人が管理している七枚の田んぼでは、ネオニコチノイド系殺虫剤の空中散布が行われており、その時期になると、ミツバチが巣箱で大量に死んでしまうのだという。どうやら、その田んぼの上をミツバチが移動しているらしい。

空中散布の日時があらかじめわかればミツバチを放たないので、予定を教えてほしいと法人側に頼むのだが、天候などの都合もあって難しいと、なかなか良い返事はもらえない。

そのうえ、農薬散布とミツバチの死の因果関係はわからないと言い張られてしまう。行政にも相談したが「当事者同士の話である」とつれない返事だったようだ。

そんな折に、龍の瞳の栽培ではネオニコチノイド系殺虫剤を使わず、環境への負荷が少ない稲作りをしていることを、ラジオ番組で知ったのだという。同じ稲作りであるにもかかわらず、地元の農業法人の考え方との大きな違いに驚いたことが、今回の訪問のきっかけになった。

若き養蜂家に、殺虫剤は何を使用しているのかと問われたので、ミツバチの被害が少ない農薬を推奨していることや、畦にミントを植えて、玄米に黒い斑点をつける害虫、カメムシの食害を防ごうとしていることなどを説明した。

「それで効果があるんですか」

「すでに北海道などでは、ミントにより殺虫剤が半減していますよ。農家さんにミントを植える活動を推進するのは、けっこう大変ですが……」

彼は言葉を継いだ。

「それと不思議なことに、田植えが終わって少し経った頃に、田んぼの水を飲んでミツバチが死ぬようなんですが、理由はわかりますか」

ピンときた。

「たぶん、ですが、苗箱にネオニコチノイド系の殺虫剤を撒くので、それが少し経つと水に溶けだすのでは」

「それで田植えから少し経った頃に、ミツバチが死に始めるんですね」

彼は、謎が解けて納得したようなしぐさを見せた。実はそれほどまでに殺虫剤の「効果」が出てしまうことに、私自身も内心驚いていた。

弁護士に相談したところ、それぞれに言い分があるので、解決は難しいと言われたようだ。思わず語気を強めてしまった。

「何言っているんですか、その弁護士。加害者と被害者の関係じゃないですか」

彼が知りたかったことの一つが、なぜ環境にやさしい稲作りを追求しているのかということだった。そのときは時間もなく、うまく伝えられなかったが、殺虫剤のせいでのたうち回って苦しんでいるミミズの姿を見たら、誰だって農薬に強い嫌悪感を持つだろう。虫を殺し続けている行為が、最後には人の死につながっていくことは自明である。そういえば、数十年前によく田んぼで見かけたミジンコや貝類、ケラなどの昆虫が見事にいなくなってしまった。「自然が沈黙」し始めている。秋になってキリギリスなどが盛んに鳴くのは、田舎よりも、都市部にある中小河川の土手のほうである。人々はそういう「逆転現象」に気づいてさえいない。

「ネオニコチノイドの禁止を求めているのではなく、ミツバチに配慮をしてほしいと言っているだけなんです」

そう話していた養蜂家の彼のやるせない顔を思い出す。

「本当にありがとうございました」

深々と頭を下げて帰っていく後姿に、「頑張って」と心で呟いた。

その後も何度か連絡を取り、問題解決のためのアドバイスをした。こちらからも件の農業法人に電話をかけて一時間ぐらい話をした。そのときの電話の相手は法人の社長で、以前には龍の瞳の会社見学や、グローバルＧＡＰ（持続可能な取り組みを実践している生産者を対象にした世界基準の認証制度）について私が講演したときの会場にも来てくれていたとのこと。それがわかってからは、お互いの気持ちが和んで話を続けることができた。

農業法人として、できるだけ農薬を使いたくないという気持ちがあるとわかり、畦にミントを植える運動も紹介した。クモが株に一、二匹いたらウンカの被害を軽減できるという話もした。

養蜂家からその後に入った電話では、出穂後の二回目の消毒はしないと約束してくれたという。稲作農家の生活を保障しつつ、虫たちを守る運動を模索しながら推し進めていきたい。

# 第六章　地域を復活させる米の力

## 「龍だからやれる」――岐阜県中津川市

龍の瞳の生産に携わる方たちは、それぞれに農業とは異なる経歴を持っている。

岐阜県中津川市の酒井富造さん（一九四六年生まれ）は農業高校の先生だった。高校の部活指導でランやシクラメンを長く栽培してきた。定年後も求められて教壇に立ち続け、六十九歳になるまで勤め上げた。

教師をしながら中津川の龍の瞳生産組合の中心的存在となり、最優秀組合賞も受賞している。農業と真摯に向き合い、日々一生懸命なのはもちろんだが、食味を上げるための研究にも熱心で、私が最も信頼を寄せる生産者のおひとりでもある。

龍の瞳がまだまだ試験的栽培だった時期に新聞記事を読んで、「その新しい米の稲穂を見せてほしい」と私の家までやって来られた。秋の収穫前で、数は少なかったが稲穂も実っていた。しばらく観察した後、「この米を作らせてもらえないか」と言われた。

岐阜県中津川市の酒井富造さん

当時酒井さんは教師の傍ら、自宅の田んぼではコシヒカリやミルキークイーンを栽培していた。地元の仲間から、「飛騨に新しい米ができて、それが美味いらしい。お前さんが作って、俺にも食わせてくれ」と背中を押されてやってきたとのことだった。

あれから十数年——。中津川のご自宅を訪ねれば、いつだって自然に龍の瞳の育ち具合の話になる。

「今年の龍は色味がゆっくりだ」

「穂がちょっと汚いかなあ」

酒井さんは、龍の瞳のことを「龍」と呼ぶ。まるで相棒の名を呼ぶかのように。

「龍をやるようになって、十……幾年になるかなあ」

山が近くにあって水も良い中津川でも、耕作放棄地は年々新たに生まれている。

「去年お父さんが亡くなって、子どもは女しか、おらん。だけど作りたい」

「おばあさんの家の前の田んぼで作ってくれる人を探している」

酒井さんは、耕作放棄地が出そうになるたびに、「何とかしてもらえないか」と耕作を頼まれてきた。耕作条件の悪いところがほとんどといってもいい。

「耕すのが難儀でも、できるだけ引き継いでやりたいでなあ」

そんな思いで引き受けてきた結果、小さな田んぼ、川沿いの斜面にある田んぼ、土がやわらかく植え付けのやっかいな田んぼなどを、いく枚も抱え込むことになった。

場所もばらばらで、田んぼの様子をひと通り見て回るだけでも容易なことではない。何しろ、いまでは全部で六十枚にもなる田んぼを、ひとりで耕しているのだ。とりわけ、この数年でとくに増えてきたという。ほぼすべてが、引き受けなければ耕作放棄地になっていた田んぼである。

耕作放棄地は全国で増え続け、農村の荒れた風景が目立つようになるなかでも、ここ中津川の場合は、景観が守られている印象は見た目にも強い。

「龍だからやれるし、龍じゃなきゃ、頼まれてもやれんでしょ」

酒井さんの誇らしげな言葉がうれしい。手間暇かけても、それに見合うだけの米の買い取り価格でなければ耕作を引き受けることは難しい。加えて、龍の瞳という味自慢のブランド米だからこそ、より美味い米を作ってやろうという挑戦意欲も湧くのだという。

正直なところ、耕作放棄地を引き継いできた酒井さんの地道で熱心な取り組みには、私自身も励まされてきた。

実はその酒井さん。がんを患い、手術を受け、抗ガン剤治療を受けている。

二〇二一年の秋に訪ねたときはこう言っていた。

「肺の影が、三か月前より明らかに小さくなっとった。だけど、抗がん剤を投与されると何日も眠れない日が続いて……。それが辛い」

にもかかわらず、今年春にも新たな田んぼを引き受けている。

「一年一年が勝負だ、という気持ちでやっている」

目には笑みを浮かべて、淡々と話をされる。

「あんまり先のことは考えん。一年が勝負。うちの米を食うと、もう、よその米は食えん、そう言ってくれる人もおるでな」

酒井さんは「ちょっと待っとってくれ」とその場を離れた。しばらくして、大きなざるに山盛りの色とりどりのブドウを抱えて戻って来られた。

「食べてみてくれ」

家の畑で実にいろいろ作っていらっしゃる、というか、何でも作れる人なのだ。

酒井さんのお宅にお邪魔していたとき、ご長男家族がバーベキューをされていた。そこで酒井さんが言われた一言が強烈だった。

「この人が、俺の弔辞を読んでくれる人やでな。しっかり覚えておいて」

酒井さんは龍の瞳を通した「同志」なのである。

## 棚田を守る取り組み――長良川の上流域から

一九九九（平成十一）年、農林水産省によって全国百三十四地区の棚田が「日本棚田百選」に認定された。日本一の山岳県である長野県が二十三か所でいちばん数が多かった。岐阜県では五か所が選出され、そのうちの郡上市白鳥町前谷の「正ケ洞棚田」、恵那市中野方の「坂折棚田」で龍の瞳が栽培されている。

二〇一五（平成二十七）年には長良川の鮎が世界農業遺産に認定され、これがきっかけになり、長良川の上流域に住む人々の暮らしや流域の棚田にもあらためて注目が集まった。

小島正則さん（一九五九年生まれ）は、龍の瞳を一足早く栽培していた農協職員から「作ってみないか」と勧められた。その時までは龍の瞳のことはまるで知らなかった。

棚田という先人の知恵が詰まった特別な田んぼと、名前の中に「龍」の文字が入った米の巡りあわせのようなものに気持ちを動かされたに違いない。みずから栽培して食べてみると、今までの米にはない味にすっかり魅了されてしまったという。

棚田は斜面に小さな田が幾枚にも分かれて作られている。田植えときも、収穫のときも作業効率は極めて悪い。そのため区分を変え、次第に整理され、原型をとどめていないところが全国で増えている。正ケ洞の棚田は、戦国時代から江戸時代にかけて造られた石積みの田んぼが、当時のままの状態で今日まで残されてきた。

小島さんはこの原風景を見ながら育ってきた。だからこそ、棚田を保存し、観光や農業体験の新たな「資源」として生かしていきたいという思いは誰よりも強い。

棚田より標高の高い流域には人家がなく、車の往来も極めて少ない。ここの龍の瞳は、そのまま飲めるほどの清流の水で育つのである。ゆくゆくは「長良川源流の棚田米」をコンセプトに商品化して、利益を「棚田を守る取り組み」に還元したいと考えている。

小島さんに「棚田を守っていく意味」を尋ねてみた。

「正ケ洞棚田は地域の宝もの、大切な財産です。これだけの棚田を作るのに、一五〇〇年代から開墾を始め、百年、二百年とかけて石積みして開墾してきた先祖の

郡上市白鳥町「正ケ洞棚田」
生産者の小島正則さん（左）と前生産組合長の水向芳章さん

思いを、子どもたちにも受け止めてほしいし、それぞれのやり方で引き継いでいってもらえたら、と思っています。そのために今は子どもたちと一緒に生き物調査や農作業体験も行っています」

## 二十二歳の「後継ぎ宣言」──岐阜県大垣市

二〇一九（平成三十一）年二月、東京・青山の人気レストラン「キハチ青山本店」で、龍の瞳の生産者と、龍の瞳を使っている料理人が交流する集いを開いた。龍の瞳の特徴が際立つアレンジ料理も堪能した。盛況だった会が終わる頃、料理人の方々への感謝の気持ちと美味しい米作りへの決意を込め、生産者たちがマイクを手に順番に挨拶していった。

岐阜県大垣市のベテラン栽培農家の森澤覚さん（一九五一年生まれ）に続いてマイクを握ったのは参加者のなかではとびっきり若い青年だった。

「後継ぎの森澤誠哉です。二十二歳です。ここではいちばん若いと思います」

覚さんの長男で一人息子の誠哉さんだ。高校を卒業してから覚さんと本格的に農業に従事するようになって四年ほどになる。公の場での「後継ぎ宣言」は、おそらくはこの時が初めてだった。

森澤さん親子の田んぼは岐阜県大垣市上石津町の「時（とき）」という地区にある。滋賀と三重と岐阜三県の県境に位置し、標高二〇〇メートルほどの中山間地で、寒暖の差は厳しい。現在はこの地区に十六町歩（約一六〇〇アール）ほどの田んぼを持っている。

覚さんはもともとこの地に生まれ育った。実家は兼業農家で五反（約五〇アール）の田んぼを持っていた。大学を出て、電気工事関係の仕事に就いた。二十九歳で結婚して岐阜市内に家を構えた。農業には興味があり、会社勤めをしながら、週末には実家に帰り、稲作を続けた。兼業ながら、耕作地も二町歩（二〇〇アール）にまで広げていった。

転機は四十八歳のときだった。リストラに遭い、実家近くで山仕事のアルバイトを始める。稲作にも本格的に取り組むようになり、大型の乾燥機や籾摺り機を購入すると、近所から作業を頼まれるようになった。

ちょうど農協の統廃合があり、地元で獲れた米を少し離れた養老町まで運ばなければならなくなった。地元の「時」産の米に誇りを持って

岐阜県大垣市の森澤覚さん、誠哉さん親子

きた人たちは、よその地区の米と混ぜられることに抵抗があった。近隣農家にとっては覚さんが頼りだった。こうして引き受け仕事が増えていき、覚さんは農業に専念することになる。それを機に乾燥機が何台も入る倉庫を建てた。今では十四台の大小乾燥機が並び壮観だ。個人経営の農家でこれだけの乾燥機が並ぶのは珍しい。

覚さんは岐阜の自宅から通っていたが、誠哉さんの跡継ぎ宣言があって、母屋を撤去。跡地に、米と農機具の倉庫と事務所を建てた。

覚さんと私が出会ったのは十年ほど前になる。「時の生産組合」のメンバー数人で私の自宅に訪ねて来られた。「龍の瞳を栽培したい」という申し出に、一人一枚の試験栽培をお願いした。現在、時地区では五軒の農家で龍の瞳を栽培してもらっている。質の良い米を毎年、安定的に作っていただき、納入先からも喜ばれている。

一人息子の誠哉さんが、農業を継ぐことを最終的に決意するのは高校三年の春だった。進路相談のための三者面談を目前に控え、「仕事を継ぎたいんで……」と突然打ち明けられた。覚さんは、うれしさと照れくささのせいか、「ああ、そうか」とだけ答えたという。

面談に覚さんが出かけて行くと、担任からは「息子さんの意志は固いですから」と太鼓判を押してもらえた。

誠哉さんに決意した背景を尋ねてみると、「うちの設備がすごくて、周りの大人たちからも勧められていたということもあるけれど、やっぱり、龍の瞳という米の存在がいちばん大きかったと思う」

行きつけの美容院でも、通っていた自動車学校でも、「龍の瞳を作っている」と言うとみんながその名を知っていた。

〈そんなすごい米を作る現場に俺はいるんや〉

その米を作り、大がかりな設備投資をしてきた父親のこともいっそう誇らしく思えた。

普段は親子で岐阜の自宅から大垣まで車で通っている。農繁期になると平屋建ての事務所に親子で泊まり込む。

時地区は、揖斐川の支流、牧田川の源流域に近い川沿いに広がる集落で、昔から稲作は盛んだった。水に恵まれ、粘土質の土地も米によく、さらに標高六〇〇メートルを超える山の谷筋にあたることから、吹き込む風がウンカなどの害虫を寄せ付けず、さらに稲そのものを鍛え上げてくれてもいるようだ。寒暖の差が大きいことも米には良い影響を与えている。時地区は昔から美味しい米がとれる土地として認められてきた。

「時でとれた米、といえば、それだけで一目置いてもらえるんですよ」

その由緒ある米の里に、平成の終わりになって今度は、龍という名を身にまとった米が舞い降りた、という新たな物語が始まった。

## 消費者の心をつかむ――共同仕入れの現場から

龍の瞳を支えてくださっている方は流通業のなかにもいる。名古屋市東区筒井にある岡田屋酒店の代表服部純士さん（一九七一年生まれ）もその一人である。服部さんは、生産者とは違う立ち位置からではあるが、やはり地域の暮らしを守っている。

岡田屋は創業一九三三（昭和八）年の老舗酒店で、服部さんは創業家の三代目になる。服部さんが二十年ほど前に立ちあげたのが「宅配専門店ライフグループ」である。グループには現在、名古屋のほか、兵庫県姫路市や岐阜の十六の酒の専門店が参加している。

その名の通り、地域密着型の店のあるべき姿を宅配サービスの充実に求めようとする店主の集まりだ。高齢化が進むなかで、酒店が扱う酒やビールはもちろん、米や灯油など、重量があって簡単には運べない商品を配達して、地域のお年寄りを支えてきた。

宅配ツールとして、服部さんが中心になって作っているのが、扱う商品の名前や魅力を顧客にじかに知らせるチラシだった。毎月、新しいチラシを配布している。

十月号には毎年必ず載せてきた米の一つが龍の瞳だった。ライフグループの参加店の一つが下呂にあり、龍の瞳が発見されて間もなく、その店の店主から「面白い米ができたよ」と連絡があった。服部さんはすぐに私の家にやってきた。

「その時、『奇跡の米』だと今井さんから聞いて、ライフで扱うことを決めたんです」

服部さんは、私が地元で企画した田植え体験や、刈り取り後の田んぼをステージにした音楽イベントにも家族で参加。新米の炊きたてを参加者に振る舞う集まりで初めて龍の瞳を試食したときの感想を次のように語ってくれている。

「美味しいのはもちろん、ツヤも良く、香りもいい。噛むほどに甘みが出てくる。ライフで紹介するのにふさわしいと確信しました」

十六店でグループを作るメリットを挙げると——龍の瞳がそうだったように、参加店のある地域ならではの特産品情報が入ってくる。共同仕入れやチラシの共通化によってコスト

名古屋市東区筒井の岡田屋酒店代表の服部純士さん（左）と筆者

を削減できる。その共通チラシはインターネットが苦手な高齢者にとって欠かせないツールになっている。

チラシは毎月一枚で、両面を使っておすすめの酒はもちろん、旬の食材、こだわりの調味料など盛りだくさんの商品情報を「予約用」として載せている。

龍の瞳は、おおむね新米三トンを共同で予約し、翌年春までには完売。

岐阜県の道の駅まで買いに行っていたという客には、「名古屋で買えるとは思わなかった」と好評だ。ブランド米を酒店で買えるというのも消費者への良いPRになっている。


服部さんは東京理科大学の材料工学科を卒業した。就職先として大手半導体メーカーに内定していた大学四年の正月、帰省すると父親から夜のドライブに誘われた。名古屋の南に位置する知多半島の海へ行き、波音が聞こえる浜辺で父親に次のように問いかけられた。

「三つの選択肢がある。どの道を進むかは自分で決めなさい」

一つ目は一生をサラリーマンで行く道。二つ目は、五年間、会社勤めを経験して店に入る道。三つ目が、就職を止めてすぐに店に入る道だった。

二つ目の道は、当初から予定していたものだったが、父が補足して言った。

「今からの五年間、売り上げをこのまま維持することは難しい。酒屋業界も流れが速いから、五年経ったら、売り上げは半分になっているだろう。縮小は間違いない」

服部さんは、東京の大学に戻る日までに心を決めた。業界の厳しさを受け止めながら自分なりに挑戦する道を選んだ。教授には、体を壊したことにして、内定先に頭を下げてもらった。

自分を導いてくれたその父は思いがけず早く亡くなってしまう。服部さんがまだ二十八歳のときだった。それから三代目の代表であることを強く意識して努力してきた。ライフグループは、酒店の将来を思い描いた末、たどりついたアイデアだった。

服部さんはライフの取り扱い商品群のなかでも、龍の瞳を推奨商品として押してくれている。

## ミシュラン三ツ星、お鮨屋さんの本気

龍の瞳の良さを、私の想像を超えて引き出してくださっている鮨屋さんのこともここで書いておきたい。

二〇一五（平成二十七）年のこと。会社に男性の声で電話があった。

「下関で鮨屋をしている者ですが、早めに訪問して龍の瞳というお米の話を聞きたいのですが……」

数日して現れたのは、坊主頭の二十五歳前後に見える青年だった。お連れ合い、小さな男の子と女の子が一緒で、微笑ましい家族に見えた。

聞けば鮨店の店主で、全国の美味しい米を食べ比べ、最後にたどり着いたのが龍の瞳だったという。現在は福岡市内で開業する有名店「鮨行天（ぎょうてん）」の行天健二さん（一九八二年生まれ）である。当時はまだ今ほど有名ではなく、開店したばかりだった。

「今井社長、鮨の味は米が八割、ネタが二割で決まるんです。ぜひとも龍の瞳を使わせていただきたい」

熱い語り口に即座に承諾の返事をして、龍の瞳の炊飯上の留意事項をいくつか伝えた。

彼からはよく電話がかかってきた。二、三年すると、

「今年の龍の瞳は、昨年よりは水の量を増やして炊かないとだめですね。年によってそんなに違うものですか？」

正直、私は驚いた。

「すごいですね、よくわかりましたね。今年は高温が続いたために、米の水分が少ないんです」

「やはり……」

最初の出会いから六年ほど経って、福岡市中央区にある行天さんの店を訪ねた。看板も

なくて、探すのに苦労した。あらかじめ店のおもてなし全般に共感しているお客様に来ていただければよいと考え、予約も数か月先まで入っているので、看板を出す必要はないのだという。客単価は四、五万円。その時は立ち寄った程度であり、時間帯が合わずに食べることができなかった。

行天さんとの会話を映像に記録したいと考え、コロナ禍のなかの二〇二一（令和三）年六月、社員を連れて再度、福岡に飛んだ。行天さんは開口一番、

「私を育ててくれたのは龍の瞳です」

そう言って言葉を続けた。

「使い始めた当時は、ご飯が硬くなったり柔らかくなったりでうまく炊けず、苦労しました。幸いなことに、龍の瞳と言っても誰も知らなかったから、それがブランドを傷つけることにはならなくて良かった」

笑いながらだが、言葉の一言ひとことに重みがある。

「自分の腕よりも、龍の瞳のほうが、はるかに上手だとわかりました。それから、土鍋の火加減、水加減、部屋の湿度など、すべて研究しました。一〇ミリリットルの差でも、炊きあがりが違うんですから、本当に難しい。電気釜だったら簡単なんでしょうがね」

龍の瞳についてほとんど何の情報もないなかで、特徴のある米だからと信じて使ってき

たが、最初は「惨敗の連続」だったという。日本一、世界一のお米を使い、日本一、世界一といわれるシャリを炊いてみたいとの思いが、行天さんの背中を押し続けた。

「龍の瞳の良さは未だにわからない。わかってしまったら魅力がなくなるのかもしれません」

未だにクリアできない伸びしろがある。

行天さんによれば、龍の瞳の魅力をあえて言うなら「魔力」のようなものらしい。粘りが強いので焦げやすい。けれども火は通りにくい。鮨には合わないように見えるが、粘りのせいで酢が中まで滲み込まず、酢飯にしたときに腐敗が極めて遅いのだという。

最近では、常識に反して湯炊きをするそうだ。つまり、水ではなく湯を入れて炊き始めるのだという。確かに、吸水性が高い龍の瞳の特性を考えると、湯にして炊く時間を短くするのは理にかなったやり方ではある。龍の瞳の欠点を利点に変える行天さんの研究は、そこまで来ているのかとあらためて驚かされた。

彼が最近めざしているのは「優雅さ」だという。物質的には豊かになったものの、鳥や虫のさえずりに耳を傾けることも含めて、最高の時間と最高の空間を楽しむ姿勢や心のゆとりを失っているのではないか、と。そうした本来の意味での優雅さを求める客層に、店の構えはもちろん、時間と空間を満喫できる場所を提供していくことが美食につながり、鮨店にも期待されている、と行天さんは考えている。鮨という日本の文化は、そういう期待を背に進化してきたはずだが、それが今やファストフード化の流れのなかで、大きく様変わりしつつあると強く危惧している。だからこそ、行天さんは、店の構え、雰囲気、ネタ、シャリなどすべてにこだわり、挑戦を続けてきた。

今では、最年少のミシュラン三ツ星の鮨屋として世界に君臨している。そして、二〇二三年四月開業予定のブルガリホテル東京に入る鮨店に鮨行天が選ばれている。

行天さんのこだわりと挑戦の道半ばに龍の瞳との出会いがあった。もしそうだとすれば、それに応え続けられるような米を作るのは私の仕事であり、使命でもあると感じている。

## 家族の団らんのなかで

家族の団らんが地域の活力に欠かせないことは、いうまでもないだろう。

龍の瞳の社屋をまだ自宅に置いていた創業期のある日、名古屋ナンバーの黒塗りベンツがバックで入ってきた。降りてきたのは黒い服に身を包んだサングラスの男性だった。

いわゆるどすの利いた声で、

「龍の瞳という米はここにあるんか」

今だから笑って書けるのだが、てっきりその筋の人が来たのかと思って内心ビビった。失礼があってはいけないと緊張したものの、それを顔に出すと手玉に取られかねない。確か、注文された数も半端ではなかった。玄米と白米、それぞれ百キロずつ欲しいという。注文通り何とか渡してとにかく何事もなく帰ってもらい、胸をなでおろした。

現在の場所に引っ越した後も、その男性はやってきた。やがて、名古屋市内でアルミニウムの部品を製造する「今井工業」の社長の今井敏雄さん（一九四八年生まれ）だと知ることになる。しかも、もともとは下呂の出身だという。

その後、私が一時所属していた、地元の詩人たちで作る同人誌の主宰者が彼の恩師だということもわかり、親しみは増した。

敏雄さんが、龍の瞳を最初に買い求めにわざわざ下呂まで来た理由が、この本の原稿を書くためにあらためて話を聞きに行って初めてわかった。

敏雄さんが非常に懇意にし、尊敬もしていた名古屋市の市議会議員から、

「下呂出身だったら、中日新聞の夕刊一面に出ている龍の瞳という米を知っとるか？　これから行って玄米を買ってきてほしい」

と頼まれたのだという。

その時、一〇キログラムで一万円近い値段だと聞いて「正直たまげた」とも言った。当

時、名の通っていた「魚沼産のコシヒカリ」でさえ七千円くらいだった。

その後も、敏雄さんは友人の開店祝いとして一キログラムの小袋を大量に買い求めてくれたし、現在は独立して所帯を持ったお子さんたちの分も継続して買ってもらっている。

敏雄さんの会社で話を聞いていたときに、そこで働いている次女の裕美さん（一九七八年生まれ）とたまたま話をすることができた。

裕美さんは笑いながら、

「子どもが爺ちゃん（敏雄さんのこと）に龍の瞳がないよと話して、とおねだりするんです」

と言った。龍の瞳だけを食べ、おかずを食べないこともあるのだという。たとえば、カレーの夕食だとカレーを食べずに龍の瞳のご飯だけを食べて満足している。また、龍の瞳の味がいちばんよくわかるのが冷えたときで、お弁当でも美味しく食べられる。

「だからお弁当にも最適で、ほかのご飯はベタベタしますが、龍の瞳は粒がしっかりとわかるし、口に入れたときの香りもいいんです」

敏雄さんとは龍の瞳を通して長いお付き合いになった。名古屋市栄や下呂温泉で飲んだりもして交流させていただいている。

「会社は常に余剰人員を抱えておいて、いざというときの危機に備えなければならない」

株式会社龍の瞳の行く末も常に心に留めてもらい、経営や商品への助言をいただくことも少なくない。私にとっては経営でも人生でも先を行く頼りになる先輩である。

# 第七章　米作りの未来と子どもたち

## 農作物の品質表示基準と農法

日本の農産物の品質表示に関連した次のような用語について、どれぐらい説明できるだろうか。「有機ＪＡＳ」「特別栽培農産物」「グローバルＧＡＰ」「慣行農法」「低農薬」「特定防除資材」……。正しく解説できる方は農業関係者でも少ないのでは。法律的な知識も必要なうえ、実践的に取り組んでいないと理解しにくい内容もあるからだ。

有機ＪＡＳは、遺伝子組み換えではない種を、過去三年以上は農薬も化学肥料も使わずに育てていることに加えて、国が指定する認定機関の審査が必要とされる制度である。

認定希望者は、十三時間の講習を受け、それぞれの生産組織に合ったマニュアルを作成する必要もある。さらに年一回の審査を受けて合格した場合のみ、有機ＪＡＳのシールを貼付できる。

加工する場合も、有機ＪＡＳ認定の農作物を使用するとともに、生産工場も、区分けされた工程ごとの認定を受けなければならない。一般的な慣行農業の農産物と混ざらないよう、数量の確認や手順の厳守などが必要になってくる。

生産者のみならず消費者も有機ＪＡＳの仕組みをご存じない方が大半であることも、日本ではあまり普及していない原因に

有機ＪＡＳマーク

なっているようだ。

次に特別栽培農産物について。これは二〇〇一（平成十三）年に農林水産省が定めた「特別栽培農産物に係る表示ガイドライン」に従って生産された農産物を指す。化学合成農薬および化学肥料の窒素成分を、各都道府県の通常栽培で使われる量の半分以下に減らしていることが条件だ。

対象となるのは国産品か輸入品かを問わず、野菜、果実、穀類、豆類、茶等であり、米についてはとくに「特別栽培米」と呼ばれている。特別栽培農産物の表示は、商品自体のほか、店頭、インターネットでも掲示できる。

法律ではなく、あくまでも「ガイドライン」、すなわち「指針」という意味合いなので、違反しても罰則規定はない。ガイドラインを定めなくてはならなくなった背景には、当時「無農薬」「有機」「低農薬」などの言葉が、明確な定義のないまま独り歩きして、消費者に混乱を招いていたという事情がある。

「低農薬」という表記は、その内容にあまりにも幅があるため、使用してはいけないことになっている。有機ＪＡＳ認定は受けていないものの、農薬と化学肥料を一切使っていない場合は、「栽培期間中農薬不使用・化学肥料不使用」という表示になる。不思議なことに、こちらのほうが有機ＪＡＳよりも価値があると思っている消費者は思いのほか多いようである。

ところで、消費者は仕方がないにしても、日本では農薬に関する知識をあまり持たない農業者も多い。ややもすると、害虫や病気の種類がわかっていないこととも関係しているように思われる。

たとえば「一斉消毒」と呼ばれる農作業がある。その名の通り、地域で一斉に広範囲にわたって消毒をするのだが、害虫や病気のないところまで消毒することになる。

「自然栽培」という農法に関しては法的な根拠や規制はなく、様々な人たちがそれぞれ独自に考えた農法として取り組んでいる。

稲作でいえば、藁（わら）さえも田んぼから持ち出してまったく有機肥料分を与えていないグループもある。あるいは田んぼの藁だけは許容しているグループもある。

六十年間も無肥料で栽培しているという滋賀県の田んぼを見学したことがある。ウンカという害虫による被害が発生して、ひどい状態になっていた。もともと土中には肥料成分があり、しばらくは無肥料でも育つが、さすがに限度はある。

有機物が極めて少ない田んぼでは、植物プランクトン、動物プランクトン、ミジンコ、イトミミズ、ヤゴ、クモ、カエル、ヘビ、鳥といった食物連鎖のつながりが生まれにくい。クモの棲んでいない田んぼはウンカの楽園なのである。

無肥料栽培のグループには、それとなく問題点を話したが、それほど深刻には受け止めてもらえていないように感じた。


使用できる農薬は農薬取締法で厳格に定められている。こうした従来の農薬とは区別して「特定防除資材（特定農薬）」と呼ばれる薬剤がある。

雑草や病害虫の防除を目的にしているけれども、材料がわかっていて安全性も明らかなものについては、既存の農薬とは別に指定することで、利用の促進を図ろうとするものだ。有機農業における、化学合成品ではない新たな薬剤の利用や、天敵動物を使った合鴨農法などが広がるなかで、より柔軟な「農薬指定」の必要性が生まれていた。

こうした流れは、化学農薬の減少につながっていくはずなので、これからの農法を考えるときには「特定農薬」の普及も検討していかなくてはならない、と私も考えている。試験圃場などで積極的に試用していくつもりでいる。

ちなみに現在は、重曹、食酢、エチレン、次亜塩素酸水のほか、地元に生息する天敵などが、農水省の合同審査会による認定を受けている。

グローバルGAPは、農業においても生産工程管理を厳密に行うことで、農業への信頼と安心を担保する制度といえるだろう。

## 一般的な原種管理と新品種の開発

稲は自家受精する。つまり、同じ花の中で雄しべと雌しべの花粉のやり取りが完結する。花が咲く品種の八七パーセントは雄しべも雌しべもある両性花だという。風や虫によって別の花から運ばれてきた花粉で受精するものは単性花という。自家受粉は自己完結できるので受精の確実性は高まる。その一方で、遺伝子の組み合わせの多様性はなく、環境の変化に対応しにくいというデメリットがある。

他家受粉では世代交代に伴う変化が起きやすく、環境に適応して生き残っていける可能性が広がるというメリットがある。ただし、花粉が運ばれて来なければならず、受精の確率は自家受粉よりも低くなる。

稲の品種改良は通常、人の手により異なる品種の雄しべと雌しべを掛け合わせて行われてきた。弥生時代にも、違った品種を交ぜ合わせて田植えをすることで、自然交配率を高めてより良い品種を生み出そうとする知恵はあった、ということも聞いたことがある。弥生人は自然観察力に優れていただろうから、品種の違いを見極めることもできたと想像できる。
農民が地域に合った品種を見いだして、育種してきた成果は、江戸時代中期の記録として残されている。日本農業研究所の資料によれば、藩を現在の都道府県名に置き換えたうえで、愛知県では四〇七種、栃木県二九六種、熊本県二一三種、石川県二〇八種と記されている。『日本農業全集』（農文協）には岩手県と秋田県の記載もあり、それぞれ一三七種、一〇七種となっている。品種の数がとても多かったといわれる山形県については、資料が確認ができなかった。こうした数字を見れば、江戸末期には五千を超える水稲品種が日本にあったといわれてきたことも、さもありなんと納得できるのである。

それでは、龍の瞳の原種の種籾のような突然変異は、いかなる理由で起こるのだろうか。一つの見方として、宇宙空間を飛びかう高エネルギーの放射線が、植物の受精や分げつ（根元付近から新芽が伸びて枝分かれすること）、枝分かれの段階に、遺伝子を変異させるという説がある。

人工交配による育種では、求める遺伝子が固定されるまで、さまざまな組み合わせによる交配と選抜を繰り返すため、莫大な時間と費用がかかる。突然変異はその時点で遺伝子が固定しているという意味では効率の良い「育種」なのである。もちろん、誰もが認める優良な品種に育つかどうかは、神のみぞ知ることになる。

龍の瞳の原種の種籾「いのちの壱」は、発見の前年の一九九九（平成十一）年に、栽培していたコシヒカリのなかで突然変異が起きたものと考えている。当時、コシヒカリの種を自家採取していたからである。

けれども、先に書いたように、ゲノム解析の結果では、コシヒカリの系統の遺伝子は見られず、自然界の不思議をあらためて感じる。

自然界の突然変異で生まれた稲が品種登録されるのは極めて稀である。コシヒカリが品種登録された一九五六年（昭和三十一）年以降、品種改良によって新しい品種が続々と生まれているが、そのうちの八割にはコシヒカリの「血筋」が入っているといわれている。

この間、食味が良く、ブランド米として認知されるようになった突然変異種は皆無といってもいい。であるからこそ龍の瞳は、岐阜県のある幹部をして次のように言わしめた。

「今井さん、これは百年に一度か千年に一度のことですよ」

まさにそれぐらいの確率のできごとなのである。

ここで試験栽培から品種登録までの流れをもう一度振り返っておきたい。

品種登録のための試験栽培は現在では二回行った結果の記載が求められる。私が龍の瞳の試験栽培に着手した二〇〇一（平成十三）年当時は、試験栽培は一回で良かった。その時に記入する必要のあった栽培対象品種は「コシヒカリ」とした。コシヒカリを栽培する田んぼで見つけたからだ。

提出書類には、草丈、葉色、分げつ型か穂重型かなど、六十一項目について、品種特性を書き込まなくてはならなかった。

なお、一九九八（平成十）年と二〇〇五（平成十七）年の種苗法の改正によって、育成者権の存続期間は当初の十五年から二十年へ、さらに二十五年へと延長されている。


ところでコシヒカリの原原種管理は福井県農業試験場が行っている。コシヒカリのもとになった育成過程の種籾を新潟県から預かり、品種登録までかかわったのは福井県だった。

一般的な原種管理の手順としては、まず原種から育った稲穂ごとに、その特徴から数種類の系統を選別したうえで、それぞれを繰り返し栽培していく。その過程で、ある系統のなかに、他の稲とは特徴のかけ離れた「異株」と呼ぶべき稲が現れた場合は、その系統の種籾すべてをいったんは廃棄する。そのうえで、別の系統から枝分かれした稲の系統を新たに選んで、品種特性を全体として維持していくことになる。

種籾は室温を摂氏四度ほどに保ち、水分を一〇パーセント程度にして保存しておけば十年は発芽可能な状態で維持されるという。すでに栽培している系統のなかに、保存されていた種籾を追加的に投入して管理する方法もある。

栽培を繰り返していけば、異株とまでは判断できなくとも、原種からの変化は避けられない。どの株を次の作付けに使用するかは、管理者の観察眼と手腕にかかってくる。

ある品種の原種を、数か所の農業試験場に分けて管理してもらい、二十年後にそれぞれの試験場で管理されてきた稲を集めてみると、その稲の特性が、試験場ごとに違っていたという話を聞いたことがある。それほどまでに品種特性の維持は難しいのである。

たとえば、ある品種を継続、維持しようとする場合、背の高い稲を好む傾向の担当者と比較的低いほうを好む傾向のある担当者では、少しずつ特性は違っていくだろう。

農林水産省に勤めていた当時、岐阜県を代表する品種の「はつしも」を見続けてきた。初めて見たときは、非常に背が高い稲だなあという印象を持った。それから十五年も経たないうちに、一〇センチぐらいは丈が短くなったように感じたのである。

これはおそらく、原種管理の担当者が、好き嫌いは別にして、倒伏被害を避けるために背の低い稲を選んできた結果ではなかったかと推量している。

こういう事例などを見ていると、原種の本来の生育ぶり、その姿を実際に知っているかどうかは、原種の品種特性の維持という目的のためには、非常に重要なことだとあらめて思う。そういう意味では、いのちの壱の原原種の姿を目に焼き付けている私は、自分で言うのもおこがましいが、いわば「生き証人」としての使命と役割を意識して、生きている間は継承に努力し、死後は後継者に正確に伝えていくすべを考えなければならない。

## 龍の瞳の原種管理

株式会社龍の瞳では、原種管理を目的に、二〇〇一（平成十三）年には約一五平方メートルの圃場に栽培し、翌〇二年には二〇〇平方メートル、〇三年には九〇〇平方メートルに拡大して作付けをした。〇四年には、私の手からは離れて、計八人が一ヘクタールほどで栽培。この二〇〇四年の原原種を二〇一三（平成二十五）年に再生させて、原種を八系統ほど栽培した。

原種の苗を一本一本植えていき、収穫したときに穂ぞろいの悪い株は捨て、良い株のなかで籾摺りをして玄米を確認した。すると白濁の違いや形の良し悪しなど、特性に差が出ていたのである。正直なところ、これは驚きだった。そのなかで最良の系統を選び直して、埼玉県にある株式会社中島稲育種研究所に預けた。

原種管理の委託費として、毎年二一〇万円を支払っている。比較するものはないのだが、弊社の収支状況からすると、決して安くはない金額である。

私の会社でも原種管理の技術に近いものを持ってはいる。それでも委託するのは、自社で膨大な手間がかかるのを避けたいということももちろんあるが、それよりも、第三者に原種管理を委ねることで社会的により確かな信用を得られるのではないかと考えているからである。手前みそで済ませることはできないほど、原種管理には厳格性が求められているのだ。

実は最近、原種管理がなされていない自家採種によるとみられる種籾が、「いのちの壱」の名で販売され、出回るようになっている。実情を知らないまま、買い求めた農家の方から、「生育がバラバラになっているのはどうしてでしょうか」などと問い合わせがあった。数年前、宮崎県の農家の方が、わざわざ岐阜県にある株式会社龍の瞳の本社まで、種籾管理について話を聞きに来られたこともあった。

## 原種由来の種籾の流通

一八九三（明治二十六）年に山形県の篤農家、阿部亀治さんが見つけ、選抜された「亀の尾」の種籾は長く原種管理がなされてこなかったようである。そのため中島稲育種研究所の調査によると、現在では五十種ぐらいの「原種」が存在しているとのこと。

原種管理がいかに大切かということの証であり、稲というものは自家採種を繰り返せばどんどんと変化していくということを表している。

株式会社龍の瞳では「いのちの壱研究所」を併設して、総括的な管理を行っている。龍の瞳の原原種管理、原種管理を行っている中島稲育種研究所から託された原種を、龍の瞳の限定された種籾生産農家の管理圃場で栽培し、そこで採れた種籾を龍の瞳の生産者に渡す、という流れのなかで原種由来の種籾を流通させている。もちろん、そのマニュアルも作成している。

原種管理されていない種籾の流通が目に余るようになるなかで、「悪貨が良貨を駆逐する」かのごとく、正統ではない「いのちの壱」の種籾の流通により、正規の龍の瞳の価値まで下がりかねない。そうした危機感があり、原種由来のいのちの壱の種籾の販売を、二〇二〇（令和二）年から株式会社龍の瞳の公式ネットを通じて始めた。種籾販売の株式会社のうけん（本社・京都市）、並びに中島稲育種研究所でも、株式会社龍の瞳が供給した種籾の販売を始めている。

種籾販売自体が、龍の瞳を守るための未来を見据えた取り組みの一つである。さらに、中島稲育種研究所とは、現在、共同で新品種の開発研究に挑んでいる。今後は、自社でも独自の掛け合わせを行い、より良い品種を作り出していきたいと考えている。こちらは、グローバルな流通世界も見据え、海外での品種登録も検討課題としていくつもりである。美味しいだけではなく、収穫量が多いもの、香りが良いもの、酒米用に特化したものなど用途に合わせた品種の必要性も感じている。

株式会社龍の瞳の試みとは別に、いのちの壱と他の品種とを掛け合わせた新品種がすでにできていたり、今後作る予定になっていたりする県もあり、いのちの壱の育成者として、とても楽しみにしている。

## 種苗法と種子法、種の特定をめぐる問題点

種苗法と種子法は名称が似ているものの、まったく異なる観点から制定された法律である。

種苗法は、ＵＰＯＶ条約（植物の新品種の保護に関する国際条約）に基づき改正されてきた経緯がある。農産物などの新品種の開発者がその新品種を育成する権利（育成者権）を保護する制度であり、著作権、特許権、商標権などの知的財産権の一つである。育成者権は現在では二十五年（永年性作物は三十年）の間、権利として占有できる。

これに対して種子法は、米や大豆、麦などの種子の安定的生産と供給を目的に一九五二（昭和二十七）年に制定された。これにより、優良な種子の生産責任が、県などの公的機関

に義務付けられた。つまり、たとえば岐阜県のハツシモという品種の種籾は、岐阜県が責任をもって安定的にしかも安価に生産者に提供する義務を負ったのである。そのための経費は国が負担するということになっていた。

種子法は二〇一八（平成三十）年四月に廃止された。農林水産省の説明では、民間育種の活力を取り入れて競争原理を働かせる必要があること、種籾生産者の技術向上が図られていることなどを廃止の理由に挙げている。

しかし反対論も強い。その根拠として、県などへの種苗管理の予算がなくなり、種そのものが守られなくなるのではないかとの指摘がある。また特定の業者に種のシェアが独占されて、種籾代金が高騰しかねないという懸念もある。さらには、遺伝子組み換えの種籾が国内を席捲するのではないかという問題も浮かび上がっている。

いずれにしても、主食である米の種子の管理と安定供給は重要である。しかも、熱供給食料自給率が三八パーセントしかない時代にはなおさらであろう。

二〇二一（令和三）年四月には種苗法も改正された。主な改正点として、それまで容認されていた農家の自家増殖に対して育成者の許諾が必要になること、育成者は登録品種を許諾なく輸出できる国や地域を指定できることである。育成者権をこれからも保持しようとする者にとって、種を買えば販売用を除いて自家採取が可能であるという現行の制度は、その種籾が盗難などによって出回る場合には対応しきれないという欠点があり、改正種苗法によって改善されることになる。

私たちは種苗法に基づいて水稲品種登録試験を自ら行い、品種登録出願の書類を作成・出願してきたし、台湾、韓国、中国、アメリカに対しても出願してきた。外国に出願する際、それぞれの国の求めに応じて記載内容を変え、日本語に訳された申請書類に日本語で記入し、それをそれぞれの国の言葉に訳して提出した。記載内容が国ごとにあまりにも違うことに驚いたものだ。

現在、とくにアメリカから輸入されているF1（交雑して一代目の種）の種は、一、二年自家採取を繰り返すと、作物の特性が変異して種としては使い物にならなくなる。基本としては自家採取もできないので、生産者は非常に高価な種を買わざるを得なくなる。育種にかかわってきた者として、今後の動向を注視していきたいと思っている。

## 新しい農法の確立と地域の活性化

二〇二一（令和三）年五月、農林水産省は「みどりの食料システム戦略〜食料・農林水産業の生産力向上と持続性の両立をイノベーションで実現〜」を策定し、発表した。目標の達成年は二〇五〇年になっている。

具体的には耕地面積に占める有機農業の割合を二五パーセント、一〇〇万ヘクタールに拡大する。化学農薬の使用量を五〇パーセント、化学肥料の使用量を三〇パーセント低減するなどいう内容である。

有機ＪＡＳ農業に取り組む団体や生産現場には、驚きをもって受け止められたのではないだろうか。農林水産省では、新たな戦略に基づく具体的な方策については、今後、検討していくという。

問題は今の約四十倍に増やすという有機農産物の販路である。有機農産物の需要がどれだけあるかによって、必然的に生産量が決まってくる。

曲がっていたり、虫が食べていたりしていても、消費者は気にせずに買い求めてくれるのだろうか。ＥＵなどは野菜の規格がそれほど厳格ではないが、日本の消費者が持ち合わせている「見た目のきれいな野菜」へのこだわりは気になるところである。

省力化に対して、ある意味、対極にあるのが有機農業である。高齢化が進む生産現場で有機農産物を果たして増やしていけるのか。もちろん農業の担い手の若返りも視野に入れてのことではあろうが、有機農業の現場における生産効率の向上をどのように図っていくかも、今後、大きな課題になってくるはずである。

農薬の半減については、何といっても生産者が不必要な農薬を使わないという強い意識を持つことと、害虫並びに病斑を見極める観察眼を持つことが課題になる。

農薬の低減という目的に関連していえば、稲作において除草剤が必須というわけではない。深水にして代掻きを行い、その後浅水で雑草の種を一気に発芽させ、それを二回ほど繰り返すことで、かなりの除草効果が期待できる。畔にミントを植えればカメムシ防除の薬剤散布は不要になるどころか、イネ科雑草に罹病したいもち菌の稲への飛来を防げることから、いもち病対策にもなる。

岐阜市内の龍の瞳生産農家は、やっかいものであるジャンボタニシを活用して、水田の除草を試みている。このようにして農薬削減の試みを一つひとつ積み上げていけば、今すぐにでも、かなりの農薬量を減らすことが可能となる。

化学肥料についても同様で、慣行農業では、田植え前の肥料をはじめ無駄な肥料をたくさん使っている。「への字」農法という、元肥を入れずに中間施肥のみで稲を生育させる農法は、肥料と労力の削減という意味でとても優れている。私も今後は、この農法を広めたいと思っている一人である。

つまり、幼い苗は肥料を吸う力が弱く肥料が無駄になる。元肥で株を作っても収穫量の増加に結び付かない事例が多いので、根が十分に張った時期である出穂から四十五日ほど前に元肥と追肥を同時に散布して肥料効率を高めるという仕組みである。

肥料を与えられなければ、稲が自力で根を張ろうとするという考えがベースにある。これは人にたとえれば、幼い子をできる限り野外で自由に遊ばせるようなものである。それに対して、幼いときからたくさん食べ物を与え続けることで早く大きくさせようというのが現状の農法、幼いときには多少空腹も経験させながら骨格と筋肉の土台をしっかりと作り、中学生くらいの食べ盛り、伸び盛りになったときに存分に食べさせてやろうというのがへの字農法である。施肥のやり方を変えることで、生育ステージが良い方向に変わり、農薬と肥料の量を少なくすることができるのである。

## 環境の変化と農業

新しい農法の確立は、新しい商品の開発に結び付く。れんげで育てた「れんげちゃん」は、愛知県阿久比(あぐい)町のブランド米である。美唄市峰延町の「香りの畦みちハーブ米」は、畦にミントを植えて殺虫剤を抑える農法の成功例でもある。

今後の農業は、自然環境を守っていくということが基本になると思う。いろいろな方策、農法があるとはいえ、なぜ、それを行わなくてはならないのか、どういう意味があるのかということが、腹にきちんと入っていなければ強力な推進力にはならない。

虫の減少と、それに伴って生じている「見えない被害」は、人の健康を知らない間に蝕み、やがては海を含めた地球上のすべての生き物が死に絶えていく結果を招くかもしれないのである。稲も含めて今後、農作物は温暖化による豪雨や干ばつの影響、巨大台風による被害などの影響を顕著に受けることは間違いない。

それを前提にして、日本の農業をどのようにしていくのかが、喫緊の課題として、農業者一人ひとりに問われている。肥料の多投による生産性の向上はもはや見込めないし、すでにその方策は限界にきている。稲に絞って、今後の対策、方向性について整理してみたい。

一　品種改良をさらに進める必要がある。
巨大台風の襲来に備えて、今後は、倒伏しない品種の開発が望まれる。コシヒカリないしその系統の稲も、現在のままでは来たる事態に対応できなくなるだろう。

二　農薬、化学肥料は、投入量が多すぎる現状を踏まえ、ただちに少なくする。

農薬を減らすことは比較的容易に達成できる。害虫と病気に対する知識を増やし、作物を健全な状態にする資材を投入すればよい。

三　農法の研究を行い、理にかなった合理的な栽培体系にすることで、生産性の向上が図れるとともに安全性にも寄与できる。

都市近郊の農業は、消費者に身近な産地であり、顔が見える作物づくりが可能となる。多品目少量販売を行うことで、販売上のリスクが低減できる。消費者がみずから収穫する仕組みも作りやすい。消費者は、新鮮で栄養価の高い農作物を入手できる。ただし米の場合は、このシステムの適用は難しい面がある。

農村部には広大な自然と新鮮な空気があり、丸みのある人間性なども自慢の一つだ。身も心も癒せる場として、都会の人だけでなく、様々な障がいのある人たちもやってきて、交流し体を動かし、採れたての美味しい野菜に舌鼓を打つようになれたらよい。

農山村では、耕地のみならず山の管理も担わなくてはならない。しかしながら、木材の値が下がっていることから、価値ある資源もほったらかしになっている。その結果、山の保水力が低下し、洪水の危険性はますます高まっている。人が山に行き、里山の魅力をもう一度見直し、地域の活性化を進めなくてはならないと考えている。

## 子どもたちの未来のために

小学五、六年生の頃に、何の質問だったかはすっかり忘れてしまったが、先生に向かって私が驚くべきことを言ったらしい。

「先生、田んぼにおるオタマジャクシを捕まえて、名古屋で売ればいいと思うんやけどなあ」

当時から、何かしら人と違うことを言ったり、行ったりする子どもだったようだ。

幼少期から親に言われるままに農作業を手伝わされた。どこかへ遊びに行った記憶としては、せいぜい電車に乗って、岐阜市まで出かけ、デパートで記念切手を買ったことぐらいだろうか。大都会に比べれば、決して大きくはない岐阜の街のデパートを見て、自分が住む田舎と同じ空気を吸っているとは思えないほど、まるで違う文化に接しているような気がしたものである。現在、私が住むこの田舎を何とかしたいと思っているのは、そのときのショックをいまなお引きずっているせいかもしれないと、この文章を書きながら思っている。

岐阜県北部の飛騨地方には、高山市、下呂市、飛騨市、白川村の四市村がある。二〇二二（令和四）年九月の人口は計十三万九三〇〇人。岐阜県内でいえば、各務原市の人口ぐらいの人々が、富山県よりも広い土地に散在しているまさに山国である。

総合大学はないので、高校を卒業すると大学進学や就職のため大部分が都会に出ていく。約五十年前、私もそのなかの一人であった。ひとたび都会に出ると、そこで職につき飛騨に戻ってこない例が多いので、人口はますます減少する。

空気は良いし、緑は豊富。畑も借りられるので、多少賃金が低くとも十分にゆとりのある暮らしはできる。若い人が帰ってこないのは、都会の生活への憧れがあるにせよ何よりも働ける場所が少ない、あっても給料が高くない、ということなのだ。ここを改善できれば、かなりの若者は戻ってきてくれるのではないだろうか。

地域を良くしなければならないと、本気で思っている。当初から、龍の瞳だけでは活性化に寄与することには無理があると考えてきた。加工の仕事、商品化、販路の開拓、そのためには地域の多様な作物、そして技術や知恵が必要になる。明治時代頃まで農家は生産物を加工し町に売りに出かけていた。なんのことはない、現在進められている「六次産業化」を日常的に行っていたのである。

下呂温泉には観光客が年間百万人という規模で訪れる。この人たちがもっと有意義に時間を使えるよう、農業体験や様々な交流イベントの機会を提供することで、下呂温泉のさらなる魅力を感じてもらえるのではないか。

子どもたちが将来の夢を、この土地にいても描けるような貢献をしたいと心より考えている。龍の瞳を通してできることを積み重ねながら、さらに大きなつながりを、この地域のなかに広げていきたい。子どもたちの未来のためのネットワークが広がっていくことを願っている。

今井　隆（いまい　たかし）

一九五五年、岐阜県益田郡（現在の下呂市）萩原町に生まれる。一九七四年、農林水産省入省。農林水産省内では、精力的に農業の問題点掘り起こしに取り組む。二〇〇〇年九月「龍の瞳（品種名・いのちの壱）」を発見。二〇〇六年、品種登録。

五十一歳で農林水産省を退職し、合資会社龍の瞳を設立。登録検査機関、有機ジャス小分け、グローバルＧＡＰなどを取得。

龍の瞳Ⓡは、日本でいちばん美味しいお米としてブランド化に成功し、高価格帯ながら品切れが続いている。自然環境にやさしい農法を追求し、地域の活性化にも寄与している。

現在、株式会社龍の瞳代表取締役。趣味は、創作（随筆、ルポ、小説、詩）、囲碁。コメ生産・流通・加工の専門新聞「商経アドバイス」、お酒の文化情報誌「たる」に連載中。

装　丁　三矢千穂
編集協力　中沢一議

奇跡の米「龍の瞳」
安全で美味しい米を未来へ

2023年3月13日　初版第1刷　発行

著　者　今井　隆
発行者　ゆいぽおと
〒461-0001
名古屋市東区泉一丁目15-23
電話　052（955）8046
ファクシミリ　052（955）8047
https://www.yuiport.co.jp/

発行所　KTC中央出版
〒111-0051
東京都台東区蔵前二丁目14-14

印刷・製本　モリモト印刷株式会社

内容に関するお問い合わせ、ご注文などは、
すべて右記ゆいぽおとまでお願いします。
乱丁、落丁本はお取り替えいたします。

ISBN978-4-87758-558-7 C0061

ゆいぽおとでは、
ふつうの人が暮らしのなかで、
少し立ち止まって考えてみたくなることを大切にします。
テーマとなるのは、たとえば、いのち、自然、こども、歴史など。
長く読み継いでいってほしいこと、
いま残さなければ時代の谷間に消えていってしまうことを、
本というかたちをとおして読者に伝えていきます。